2020—2021 年中国工业和信息化发展系列蓝皮书

2020—2021 年
中国工业节能减排蓝皮书

中国电子信息产业发展研究院 **编 著**

刘文强 **主 编**

赵卫东 **副主编**

電子工業出版社
Publishing House of Electronics Industry
北京 · BEIJING

内 容 简 介

本书基于全球化视角，对 2020 年度我国及世界主要国家工业节能减排状况进行了重点分析，梳理并剖析了我国相关政策及其变化对工业节能减排的影响，预判了 2021 年度我国工业节能减排态势。全书分为综合篇、重点行业篇、区域篇、政策篇、热点篇和展望篇六部分。本书可为政府部门、相关企业及从事相关政策制定、管理决策和咨询的人员提供参考，也可以供高等院校相关专业师生及对工业节能减排感兴趣的读者学习。

图书在版编目（CIP）数据

2020—2021 年中国工业节能减排蓝皮书 / 中国电子信息产业发展研究院编著；刘文强主编. —北京：电子工业出版社，2021.12

（2020—2021 年中国工业和信息化发展系列蓝皮书）

ISBN 978-7-121-42348-2

Ⅰ. ①2… Ⅱ. ①中… ②刘… Ⅲ. ①工业企业－节能减排－研究报告－中国－2020-2021 Ⅳ. ①TK018

中国版本图书馆 CIP 数据核字（2021）第 231415 号

责任编辑：雷洪勤　　文字编辑：张　京

印　　刷：中煤（北京）印务有限公司

装　　订：中煤（北京）印务有限公司

出版发行：电子工业出版社

北京市海淀区万寿路 173 信箱　　邮编：100036

开　　本：720×1 000　1/16　印张：15.25　字数：341 千字　彩插：1

版　　次：2021 年 12 月第 1 版

印　　次：2021 年 12 月第 1 次印刷

定　　价：218.00 元

凡所购买电子工业出版社图书有缺损问题，请向购买书店调换。若书店售缺，请与本社发行部联系，联系及邮购电话：（010）88254888，88258888。

质量投诉请发邮件至 zlts@phei.com.cn，盗版侵权举报请发邮件至 dbqq@phei.com.cn。

本书咨询联系方式：leihq@phei.com.cn。

前言

全面贯彻落实新发展理念
深入推进工业节能与绿色发展

2020 年是“十三五”收官之年，面对错综复杂的国内外形势，工业和信息化系统全面贯彻新发展理念，立足制造强国和网络强国建设，深入实施绿色制造工程，推动重点行业绿色改造升级，加快重点区域绿色转型，发展壮大节能环保产业，工业绿色高质量发展取得积极成效。“十三五”期间，规模以上企业单位的工业增加值能耗下降约 16%，每万元工业增加值用水量下降约 30%。“十三五”期间共创建 2 121 家绿色工厂、171 家绿色园区、189 家绿色供应链管理示范企业，开发 2 170 种典型绿色设计产品，累计推广节能、节水、再制造、综合利用等绿色产品近 2 万种，完成了“千家绿色工厂、百家绿色园区、万种绿色产品”的目标。

2020 年，工业绿色高质量发展取得显著成效

绿色制造工程成效显著。重点行业和重要领域的绿色化改造加速推进，建设了 366 个绿色制造重点项目，辐射带动了各地区、各行业绿色关键工艺技术创新，打造了一批绿色设计平台和绿色供应链。绿色制造服务能力全面提升，培育了 184 家绿色制造供应商，为超过 7 000 家企业提供服务，实施绿色改造项目 8 000 多个，完成合同额近 200 亿元。绿色制造体系形成规模，工厂、产品、工业园区、供应链等领域绿色制造典型的规模不断壮大。绿色标准化基础能力全面提高，全年支持绿色制造标准立项276项，报批135项，开展967个标准研究项目，陆续组建了一批重点行业标准化工作组，绿色制造标准体系基本完善。绿色制造国际合作日益深化，中欧绿色制造、中意能效提升、中韩绿色工业园区等合作深入实施，绿色“一带一路”共建工作稳步推进。

工业节能与综合利用水平明显提高。节能监察执法和节能诊断服务“双轮”驱动工业能效提升。“十三五”期间，高耗能行业实现节能监察全覆盖，480多家节能服务公司在公益节能诊断服务工作中，为1.4万家企业提出节能改造建议。“十三五”前4年，规模以上企业单位工业增加值能耗下降15%以上，每万元工业增加值用水量下降27.5%。深入推动60家工业资源综合利用基地建设，尾矿、粉煤灰、冶炼渣、工业副产石膏、赤泥等大宗工业固体废弃物综合利用加快向聚集化、规模化、高值化发展，培育672家废钢铁、废塑料、废旧轮胎、废矿物油、废旧动力蓄电池等行业骨干企业，再生资源综合利用水平快速提升。电器电子、汽车等产品有害物质管控取得成效，70%以上的电器电子重点产品已经达到管控要求，M1类乘用车的铅使用量下降近50%，94%以上的车型可回收利用率达95%以上。

绿色技术装备供给能力大幅提高。先进适用的绿色技术装备在各行业、各领域不断推广普及，部分绿色技术装备已经实现从“跟跑”到“领跑”的跨越式发展。从行业角度来看，钢铁行业超高压煤气发电、烧结余热发电等技术普及度不断提高，二次能源自发电比例提升至50%；石化行业高效降膜式蒸发技术装备加快推广，单套装置传热效率提升30%；水泥行业低温余热发电技术普及率超过80%；陶瓷行业采用先切后磨的加工方式和高精度刮平定厚技术，减少70%磨头配置的同时降低板坯破损率；纺织行业通过推广小浴比染色技术，实现节水减排50%以上。从重点领域来看，高效电机及系统、变压器等先进技术装备广泛应用，农村污水治理设备、新能源汽车动力蓄电池梯次利用等先进适用技术装备得到突破和推广，废钢铁、废有色金属、废塑料等再生资源市场份额逐步加大。

重点区域绿色发展水平进步明显。落实黄河流域、京津冀地区、长江经济带等国家重大区域战略，着力解决重点行业、企业和区域发展中的资源环境问题，工业结构和空间布局不断升级优化，资源能源利用效率显著提升，初步形成了区域绿色协同发展格局。推进黄河流域生态保护和高质量发展，深入研究黄河流域重点地区工业绿色发展现状和问题。京津冀地区已探索形成了产业聚集发展的管理模式和有效途径，建立了承德以尾矿为主、朔州以煤基固废为主等的一批工业资源综合利用基地跨区域协同发展典型模式，培育北京金隅、天津绿色再生、河北联鑫环保等一批骨干龙头企业，3 年累计利用工业固废约 22 亿吨，为解决首都沙石骨料短缺做出了贡献。长江经济带沿线加快工业布局优化和结构调整，积极推进危险化学品生产企业搬迁改造，重庆、成都、武汉、盐城等地发展成为我国重要的节能环保装备制造产业集群。

“十三五”以来，工业绿色发展取得了积极进展，传统产业绿色化改造步伐加快，绿色增长新动能不断涌现，但与制造强国建设、生态文明建设要求相比，还有一定差距。随着我国进入高质量发展新阶段，工业绿色发展面临着新形势。高质量发展对工业绿色发展提出了新任务。我国粗放型发展方式仍未根本转变，资源能源瓶颈日益凸显，石油、天然气等战略性资源对外依存度高，亟须探索以生态优先、绿色发展为导向的高质量绿色发展新路子。应对气候变化对工业低碳转型提出了新要求。工业能否率先达峰将是我国兑现“碳排放力争于 2030 年达峰、努力争取 2060 年实现碳中和”承诺的关键，工业领域亟须通过结构调整、技术改造、强化管理等手段，降低能耗、减少碳排放，为先进制造业的发展提供增长空间。全球绿色经济复苏趋势为我国工业经济发展带来了新挑战。新冠肺炎疫情对全球经济造成了深远的影响，疫情后的绿色复苏也将形成新的合作和竞争格局，我们应当抓住这个时间窗口，进一步强化绿色竞争力，积极推进绿色“一带一路”建设，支撑我国经济的绿色增长。

2021 年，深入推进工业节能与绿色发展

2021 年是“十四五”开局之年，工业和信息化系统应坚持把推进工业绿色发展作为落实生态文明建设要求的硬任务，坚决贯彻新发展理念，以供给侧结构性改革为主线，进一步加大工作力度，将工业节能与绿色发展引向深入。

一是制定发布“十四五”工业绿色发展规划。坚决贯彻党的十九届五中全会精神，围绕工业和信息化部中心工作，深入剖析面临的形势和挑战，明确任务和举措，编制好“十四五”工业绿色发展规划。

二是深入推进工业节能。把节能、提高能效放在推进能源革命的优先位置，持续完善工业节能法规制度。落实能耗“双控”政策，严控重化工业新增产能规模。对万家企业开展节能监察执法和节能诊断服务，积极开展“节能服务进企业”等活动，加快传统高耗能行业节能技术改造。抓好重点用能设备及数据中心等新兴领域的节能工作，实施变压器等专项能效提升计划，鼓励企业、园区建设绿色微电网。

三是大力提升资源利用效率。深入实施京津冀工业节水、工业资源综合利用产业协同转型提升等行动计划，制定实施黄河流域工业绿色高质量发展指导意见，发布工业污水资源化利用实施方案。研究制定工业资源综合利用管理办法，加快推进工业固废减量化和资源化。深化电器电子、汽车等产品生产者责任延伸试点，着力强化二次资源对战略性矿产资源的供给保障能力。加强废钢铁、废有色金属、废旧动力电池等“城市矿山”资源的高效循环利用。制定产品再制造管理办法，加强再制造产品的评定和推广。

四是积极发展绿色环保产业。大力发展节能节水产品、环保装备、资源综合利用产业，积极打造绿色发展新动能。推行绿色设计，促进快递包装绿色发展，加大电器电子、汽车等产品有害物质管控。制订环保装备制造业高质量发展行动计划，突破一批绿色技术装备，培育一批环保装备、再生资源利用骨干企业，加快先进节能环保技术装备工艺的推广应用，为打赢攻坚战提供支撑。

五是全面构建绿色制造体系。制定绿色制造体系管理办法，在各地区、各行业全面建设绿色工厂、绿色工业园区。实施工业低碳行动，制定钢铁、水泥等重点行业碳排放达峰路线图。围绕工业节能、节水、资源综合利用、清洁生产、低碳及绿色制造等领域制定/修订 100 项节能与绿色标准，培育 150 家绿色制造供应商。积极开展绿色制造国际合作，推进多边共建绿色“一带一路”，为应对全球气候变化、共建人类命运共同体提供坚实基础。

目 录

综 合 篇

重点行业篇

区　域　篇

政　策　篇

热　点　篇

展　望　篇

综　合　篇

第一章

2020 年全球工业节能减排发展状况

本章从工业发展、能源消费、低碳发展进程三个方面对美国、日本、欧盟、新兴经济体等全球主要国家和地区进行研究。

第一节　工业发展概况

2019 年，全球经济增速放缓，主要经济体货币政策由“加息”转向了“降息”。贸易保护主义导致国际贸易局势不断反复，英国脱欧、地缘政治等为全球经济带来了风险和挑战。2019 年全球国内生产总值（Gross Domestic Product，GDP）87.7 万亿美元，同比增长 1.50%，涨幅较 2018 年回落 4.81 个百分点；工业增加值 23.1 万亿美元，同比减少 1.05%，降幅较大；制造业增加值 13.7 万亿美元，较 2018 年减少 2 726 亿美元。2015—2019 年全球国民经济核算主要指标变化情况如表 1-1 所示。

表 1-1　2015—2019 年全球国民经济核算主要指标变化情况

年　　份	全球 GDP（单位：亿美元，现价）	全球工业增加值（单位：亿美元，现价）	全球制造业增加值（单位：亿美元，现价）
2015 年	752 177	200 655	121 827
2016 年	763 690	199 589	122 321
2017 年	813 060	215 978	130 517
2018 年	864 394	233 396	139 447
2019 年	877 346	230 955	136 721

数据来源：Wind 数据库，2021 年 4 月。

2020 年，受新冠肺炎疫情及全球经贸摩擦严峻形势的影响，世界各国经济都出现了不同程度的萎缩。从采购经理指数（Purchasing Managers' Index，PMI）看，全球制造业景气度从 2020 年 2 月开始下滑，2020 年 4 月下滑到全年最低点 39.6，2020 年 6 月开始较大幅度回升，7 月回到荣枯线上方，并保持了稳定增长的态势。具体数据如表 1-2 所示。

表 1-2 2020 年摩根大通全球制造业 PMI

月份	1 月	2 月	3 月	4 月	5 月	6 月	7 月	8 月	9 月	10 月	11 月	12 月
PMI	50.4	47.1	47.3	39.6	42.4	47.9	50.6	51.8	52.4	53.0	53.8	53.8

数据来源：Wind 数据库，2021 年 4 月。

一、美国

2020 年，美国受新冠肺炎疫情影响，经济萎缩幅度是第二次世界大战以来最大的一次。根据美国商务部 2021 年 1 月 28 日公布的数据，美国 2020 年全年 GDP 增速为-3.5%，是 2009 年以来首次出现负值，而且创出了 1946 年以来的新低。

从美国供应管理协会发布的制造业 PMI 看，2020 年年初，美国制造业 PMI 呈现下降趋势，3 月，美国 PMI 低于荣枯线，4 月降到全年最低值 41.5，从 6 月开始 PMI 重新站上荣枯线，12 月达到全年最高值 60.5。具体数据如表 1-3 所示。

表 1-3 2020 年美国制造业 PMI

月份	1 月	2 月	3 月	4 月	5 月	6 月	7 月	8 月	9 月	10 月	11 月	12 月
PMI	50.9	50.1	49.1	41.5	43.1	52.6	54.2	56.0	55.4	59.3	57.5	60.5

数据来源：Wind 数据库，2021 年 4 月。

二、日本

2020 年，受新冠肺炎疫情影响，日本经济全面下滑。根据 2021 年 2 月日本内阁府发表的经济形势速报，2020 年日本 GDP 同比下降 4.8%，这是 2008 年国际金融危机以来日本经济首次出现负增长。

2020年，日本制造业形势异常严峻。全年除了12月回到荣枯线，其余月份制造业PMI均低于荣枯线。最低值出现在2020年5月，是38.4。总体看，2020年日本制造业表现不佳。具体数据如表1-4所示。

表1-4　2020年日本制造业PMI

月份	1月	2月	3月	4月	5月	6月	7月	8月	9月	10月	11月	12月
PMI	48.8	47.8	44.8	41.9	38.4	40.1	45.2	47.2	47.7	48.7	49.0	50.0

数据来源：Wind数据库，2021年4月。

三、欧盟

受新冠肺炎疫情影响，欧盟经济也受到重创。根据Wind数据库2021年3月的数据，2020年欧元区GDP现价为11.32万亿欧元，同比减少5.19%。为应对疫情的冲击，欧盟推出了迄今为止规模最大的经济刺激方案，总规模超过1.8万亿欧元，其中1.074万亿欧元是2021—2027年长期预算，还有7 500亿欧元为恢复基金。经济刺激方案的成效目前还在观察中。

2020年，欧元区制造业PMI呈现先下滑后上升的态势。其中，1—6月PMI均在荣枯线下方；4月PMI低至33.4，创2020年以来新低；7月PMI开始回升至荣枯线上方，并一直持续到12月，12月的PMI值为55.2，也是全年的最高值。具体数据如表1-5所示。

表1-5　2020年欧元区制造业PMI

月份	1月	2月	3月	4月	5月	6月	7月	8月	9月	10月	11月	12月
PMI	47.9	49.2	44.5	33.4	39.4	47.4	51.8	51.7	53.7	54.8	53.8	55.2

数据来源：Wind数据库，2021年4月。

四、新兴经济体

（一）俄罗斯

2020年，俄罗斯GPD现价为107万亿卢布，与2019年相比，GDP增速同比下降2.1个百分点。从制造业PMI看，2020年除了8月，其他月份 PMI 均位于荣枯线下方，其中 4 月达到最低值 31.3，从 5 月开始回升，到 8 月已经回升到 51.1，位于荣枯线上方，但这种良好的态势并没有延续下去，从 9 月开始又下滑到荣枯线下方，下滑态势持续到 11 月，12 月 PMI 有所回升，但依然位于荣枯线下方，以 49.7 收官，说明俄罗斯制造业复苏基础不稳固。具体数据如表 1-6 所示。

表 1-6　2020 年俄罗斯制造业 PMI

月份	1 月	2 月	3 月	4 月	5 月	6 月	7 月	8 月	9 月	10 月	11 月	12 月
PMI	47.9	48.2	47.5	31.3	36.2	49.4	48.4	51.1	48.9	46.9	46.3	49.7

数据来源：Wind 数据库，2021 年 4 月。

（二）印度

2020 年，受到新冠肺炎疫情影响，印度经济数据起伏跌宕。一季度 GDP 53.28 万亿卢比，二季度 GDP 38.93 万亿卢比，三季度 GDP 47.38 万亿卢比，四季度 GDP 54.56 万亿卢比，全年 GDP 194.15 万亿卢比。各季度 GDP 不变价同比增速分别为 3.09%、−24.38%、−7.35%和 0.41%。制造业 PMI 全年有 4 个月位于荣枯线下方，分别是 4 月、5 月、6 月和 7 月，最低值出现在 4 月，为 27.4；最高值出现在 10 月，为 58.9。总体来看，下半年表现优于上半年，四季度 PMI 开始回升。具体数据如表 1-7 所示。

表 1-7　2020 年印度制造业 PMI

月份	1 月	2 月	3 月	4 月	5 月	6 月	7 月	8 月	9 月	10 月	11 月	12 月
PMI	55.3	54.5	51.8	27.4	30.8	47.2	46.0	52.0	56.8	58.9	56.3	56.4

数据来源：Wind 数据库，2021 年 4 月。

（三）巴西

2020 年，新冠肺炎疫情对巴西的经济影响较大。全年巴西 GDP 现价为 7.4 万亿雷亚尔。分季度看，各季度 GDP 不变价同比分别增长 −0.27%、−10.90%、−3.90%和−1.14%。制造业 PMI 除了 3 月、4 月和 5

月三个月位于荣枯线下方，其余几个月均在荣枯线上方。最高值出现在10 月，PMI 值为 66.7。最低值出现在 4 月，PMI 值为 36.0。具体数据如表 1-8 所示。

表 1-8　2020 年巴西制造业 PMI

月份	1 月	2 月	3 月	4 月	5 月	6 月	7 月	8 月	9 月	10 月	11 月	12 月
PMI	51.0	52.3	48.4	36.0	38.3	51.6	58.2	64.7	64.9	66.7	64.0	61.5

数据来源：Wind 数据库，2021 年 4 月。

第二节　能源消费状况

2020 年 6 月，英国石油公司（BP）发布了《BP 世界能源统计年鉴》2020 年版。数据显示，2019 年，全球一次能源消费总量为 583.9 艾焦耳（注：1 艾焦耳=24.061 4 百万吨油当量，1 吨油当量=1.4286 吨标准煤），增速减缓至 1.3%，与 2018 年 2.8%的增长率相比，不到一半。2019 年可再生能源增长 3.2 艾焦耳，这个数据创下了历史新高，可再生能源增长占全球一次能源增长的比重达到 40%以上。可再生能源在发电领域首次超越了核电，占比为 10.4%。天然气消费量增加 780 亿立方米，增长 2%，远比 2018 年的增速低，但在一次能源中的占比为 24.2%，仍创下历史新高。

从能源消费结构看，石油、煤炭和天然气在能源消费格局中仍处于主体地位。2019 年，全球一次能源消费结构中，石油占比最大，约为 33.1%；煤炭次之，占比约为 27.0%，是 1994 年以来的最低水平；天然气占比上升至 24.2%；水电占比约为 6.4%；核能占比约为 4.3%；可再生能源增长态势强劲，约为 5.0%。

2019 年，全球能源消费结构呈现区域特征。北美洲一次能源消费总计 116.58 艾焦耳，约占世界总量的 20.0%；中南美洲总计 28.61 艾焦耳，约占世界总量的 4.9%；欧洲总计 83.82 艾焦耳，约占世界总量的 14.4%；独联体国家总计 38.68 艾焦耳，约占世界总量的 6.6%；中东地区总计 38.78 艾焦耳，约占世界总量的 6.6%；非洲总计 19.87 艾焦耳，约占世界总量的 3.4%；亚太地区总计 257.56 艾焦耳，约占世界总量的 44.1%。其中，经合组织合计 233.43 艾焦耳，约占世界总量的 40.0%；非经合组织合计 350.47 艾焦耳，约占世界总量的 60.0%。欧盟合计 68.81 艾焦耳，约占世界总量的 11.8%。

一、世界主要区域能源消费现状

（一）亚太地区

近十年来，亚洲能源消费持续上升。2019 年，亚洲一次能源消费 257.56 艾焦耳，比 2018 年增长 3.3%，占世界一次能源消费的 44.1%。其中，石油消费量 71.54 艾焦耳，占全球石油消费的 37.1%，占亚洲一次能源消费的 27.8%；天然气消费量 31.32 艾焦耳，占全球天然气消费的 22.1%，占亚洲一次能源消费的 12.2%；煤炭消费量 122.22 艾焦耳，占全球煤炭消费的 77.4%，占亚洲一次能源消费的 47.4%；核能消费量 5.77 艾焦耳，占全球核能消费的 23.2%，占亚洲一次能源消费的 2.2%；水电消费量 15.90 艾焦耳，占全球水电消费的 42.2%，占亚洲一次能源消费的 6.2%；其他类型可再生能源消费量 10.81 艾焦耳，占全球可再生能源消费的 37.3%，占亚洲一次能源消费的 4.2%。

（二）欧洲

欧洲能源消费基本保持稳定。2010 年至 2015 年，欧洲一次能源消费保持降低趋势。2015 年以来有所回升，但幅度不大。2019 年，欧洲一次能源消费 83.82 艾焦耳，比 2018 年减少 1.1%，占世界一次能源消费的 14.4%。其中，石油消费量 30.4 艾焦耳，占全球石油消费的 15.7%，占欧洲一次能源消费的 36.3%；天然气消费量 19.95 艾焦耳，占全球天然气消费的 14.1%，占欧洲一次能源消费的 23.8%；煤炭消费量 11.35 艾焦耳，占全球煤炭消费的 7.2%，占欧洲一次能源消费的 13.5%；核能消费量 8.28 艾焦耳，占全球核能消费的 33.2%，占欧洲一次能源消费的 9.9%；水电消费量 5.66 艾焦耳，占全球水电消费的 15.0%，占欧洲一次能源消费的 6.8%；其他类型可再生能源消费量 8.18 艾焦耳，占全球可再生能源消费的 28.2%，占欧洲一次能源消费的 9.7%。

（三）北美洲

十年来的大部分时期，北美洲能源消费保持温和增长趋势。2019年，北美洲一次能源消费116.58艾焦耳，比2018年下降1.0%，占世界一次能源消费的20.0%。其中，石油消费量44.78艾焦耳，占全球石油消费的23.2%，占北美一次能源消费的38.4%；天然气消费量38.07艾焦耳，占全球天然气消费的26.9%，占北美一次能源消费的32.7%；煤炭消费量12.41艾焦耳，占全球煤炭消费的7.9%，占北美一次能源消费的10.6%；核能消费量8.59艾焦耳，占全球核能消费的34.5%，占北美一次能源消费的7.4%；水电消费量6.03艾焦耳，占全球水电消费的16.0%，占北美一次能源消费的5.2%；其他类型可再生能源消费量6.70艾焦耳，占全球可再生能源消费的23.1%，占北美一次能源消费的5.7%。

（四）非洲

2019年，非洲一次能源消费19.87艾焦耳，比2018年增长2.5%，占世界一次能源消费的3.4%。其中，石油消费量8.28艾焦耳，占全球石油消费的4.3%，占非洲一次能源消费的41.7%；天然气消费量5.40艾焦耳，占全球天然气消费的3.8%，占非洲一次能源消费的27.2%；煤炭消费量4.47艾焦耳，占全球煤炭消费的2.8%，占非洲一次能源消费的22.5%；核能消费量0.13艾焦耳，占全球核能消费的0.5%，占非洲一次能源消费的0.6%；水电消费量1.18艾焦耳，占全球水电消费的3.1%，占非洲一次能源消费的5.9%；其他类型可再生能源消费量0.41艾焦耳，占全球可再生能源消费的1.4%，占非洲一次能源消费的2.1%。

（五）中东

中东地区能源消费呈现上升趋势。2019年，中东一次能源消费38.78艾焦耳，比2018年增长3.1%，占世界一次能源消费的6.6%。其中，石油消费量17.8艾焦耳，占全球石油消费的9.2%，占中东一次能源消费的45.9%；天然气消费量20.1艾焦耳，占全球天然气消费的14.2%，占中东一次能源消费的51.8%；煤炭消费量0.4艾焦耳，占全球煤炭消费的0.3%，占中东一次能源消费的1.0%；核能消费量0.06艾焦耳，占全球核能消费的0.2%，占中东一次能源消费的0.2%；水电消费量0.3艾焦耳，占全球水电消费的 0.8%，占中东一次能源消费的 0.8%；其他类型可再生能源消费量 0.12 艾焦耳，占全球可再生能源消费的 0.4%，占中东一次能源消费的 0.3%。

二、世界主要国家能源消费情况

2019 年，一次能源消费最多的国家依次是中国和美国，两国消费量占世界总量的 40.1%。此外，日本、德国的能源消费情况具有一定的代表性。

（一）美国

美国是世界第二大能源消费国。2019 年，美国一次能源消费 94.66 艾焦耳，比 2018 年减少 1%，占世界一次能源消费的 16.2%。其中，石油消费量 36.99 艾焦耳，占全球石油消费的 19.2%；天然气消费量 30.48 艾焦耳，占全球天然气消费的 21.5%；煤炭消费量 11.34 艾焦耳，占全球煤炭消费的 7.2%；核能消费量 7.6 艾焦耳，占全球核能消费的 30.5%；水电消费量 2.42 艾焦耳，占全球水电消费的 6.4%；其他类型可再生能源消费量 5.83 艾焦耳，占全球可再生能源消费的 20.1%。

（二）日本

日本是世界第五大能源消费国。2019 年，日本一次能源消费 18.68 艾焦耳，比 2018 年减少 0.9%，占世界一次能源消费的 3.2%。其中，石油消费量 7.53 艾焦耳，占全球石油消费的 3.9%；天然气消费量 3.89 艾焦耳，占全球天然气消费的 2.8%；煤炭消费量 4.91 艾焦耳，占全球煤炭消费的 3.1%；核能消费量 0.59 艾焦耳，占全球核能消费的 2.4%；水电消费量 0.66 艾焦耳，占全球水电消费的 1.8%；其他类型可再生能源消费量 1.10 艾焦耳，占全球可再生能源消费的 3.8%。

（三）德国

德国是世界第四大经济体，第七大能源消费国。2019 年，德国一次能源消费 13.14 艾焦耳，比 2018 年减少 2.2%，占世界一次能源消费的 2.3%。其中，石油消费量 4.68 艾焦耳，占全球石油消费的 2.4%；天然气消费量 3.19 艾焦耳，占全球天然气消费的 2.3%；煤炭消费量 2.30 艾焦耳，占全球煤炭消费的 1.5%；核能消费量 0.67 艾焦耳，占全球核能消费的 2.7%；水电消费量 0.18 艾焦耳，占全球水电消费的 0.5%；其他类型可再生能源消费量 2.12 艾焦耳，占全球可再生能源消费的 7.3%。

第三节　低碳发展进程分析

一、全球碳排放情况

根据《2020 年 BP 世界能源统计年鉴》，2019 年全球二氧化碳排放量为 341.7 亿吨，与 2018 年相比增长 2.1%，2019 年能源消费所造成的碳排放量增长 0.5%，增速放缓。不过，如果从年均增长速度看，2018 年和 2019 年两年的碳排放量年均增长速度要高于过去十年平均增速。

中东地区碳排放增速最高，比 2018 年增长 2.8%。其次是亚太地区，比 2018 年增长 2.4%。第三是非洲地区，比 2018 年增长 1.9%。其他地区均为负增长。

二、努力应对气候变化

当前，全球变暖趋势日益严峻。冰川、冻土消融，海平面上升，全球自然生态系统平衡被打乱，生存环境受到威胁。世界各经济体均在积极应对全球气候变化，出台相关法律法规与政策措施，以求改善温室气体排放增长过快的局面。

（一）法国

法国在环境保护领域实行了一批新规。2020 年法国在环境保护领域实行了 13 项重要变革，包括减少塑料污染、促进清洁能源发展、对交通出行方式进行改善、保护空气质量及生物多样性等多项内容。法国生态转型与团结部负责人表示，这些新规的实施，目的是推动法国逐步提高环境质量、促进法国的生态转型。

根据新规规定，在一次性塑料制品使用方面，自 2020 年 1 月 1 日起，在法国境内禁止销售塑料制的家用一次性棉签、一次性塑料杯子和盘子等部分一次性塑料产品，到 2024 年，将全面禁止使用一次性塑料包装。最终目标是在 2040 年前淘汰一次性塑料物品，使其使用率降低为零。在推广清洁能源汽车方面，法国政府规定，消费者购买清洁能源汽车，可获得额度为 3 000～6 000 欧元的“生态奖金”，2020 年，对二氧化碳排放量少于 20 克/千米的汽车，法国政府将奖励额度提高了 50%。同时，被处罚的汽车二氧化碳排放量门槛从原来的 117 克/千米更改为 110 克/千米，提高了罚款上限，从 1.05 万欧元上涨到 2 万欧元，对应不同级别的罚款，罚金数额普遍上涨 1～3 倍。在生物多样性保护方面，法国生物多样性办公室 2020 年 1 月 1 日起成立，该机构在全国范围内有大约 1 700 名执法人员，这些执法人员在维护生物多样性方面将发挥重要作用。

（二）英国

英国成为世界上第一个为零排放立法的主要发达国家。2019 年 6 月，英国政府宣布英国将在 2050 年达到温室气体零排放。为实现这一目标，英国进一步提出了具体减排二氧化碳的措施。例如，英国政府将对 2015 年之前生产的柴油车加征高额排污费。这项规定一经实施，伦敦即成为欧洲乃至世界上对汽车尾气排放要求最为严格的城市。另外，英国于 2017 年 12 月宣布实施了“伦敦呼吸”计划，这项计划是 C40 城市气候领导联盟空气质量网络的第一项举措。根据这项计划，从 2018 年 11 月开始在大伦敦地区采集数据，目前，伦敦地区已安装了 100 多个固定空气监测传感器。“伦敦呼吸”计划的实施，不仅使城市空气污染状况被量化呈现，而且有效增强了整个城市空气排放主要源点的识别能力。“伦敦呼吸”计划的实施对英国温室气体零排放起到了明显的助推作用。

（三）欧盟

欧盟开启绿色新政。2020 年 2 月，欧盟委员会公布了《欧委会 2020 年工作计划》，提出欧盟委员会在 2020 年及今后五年将主要围绕推动欧盟经济社会向绿色和数字化两大方面转型施政。其中的六大施政重点和数十项配套政策被称作新的增长战略。欧盟委员会将进一步推动制定

《欧洲气候法》《2030年削减温室气体计划》，提出2050年强制实现碳中和目标等。此外，在利用离岸可再生能源、发展循环经济、保护生物多样性、绿色投资和金融等方面，欧盟委员会也都提出了相应的发展规划。

欧盟“万亿欧元”对抗气候变化。2020年2月，欧盟正式公布了“万亿欧元”对抗气候变化的计划，计划内容是在未来10年内，投入1万亿欧元的专项资金进行“可持续投资”，帮助部分依赖煤炭的欧盟成员国逐步摆脱化石能源，实现欧盟地区的“绿色转型”。“万亿欧元”计划是《欧洲绿色协议》的一部分内容，根据该协议，欧盟将在未来10年实现二氧化碳减排50%，到2050年，实现零排放。“万亿欧元”计划中有一项非常重要的“公平转型基金”。这项基金主要用于支持需要做出更多努力、付出更多代价进行能源结构调整和能源转型的国家，基金规模1 000亿欧元。基金具体用途包括与能源转型有关的失业救济和人员工作技能培训等。

（四）加拿大

加拿大钢铁行业提出2050年之前实现零碳排放的目标。2020年3月，加拿大钢铁生产协会宣布要在2050年之前实现零碳排放的目标，这也是“Climate Call to Action（气候行动呼吁）”的核心内容。加拿大钢铁生产协会数据表明，加拿大钢铁生产企业从1990年开始，就已经通过提升能源利用率和实际运营效率减少了25%的碳排放，未来要实现2050年零碳排放的目标，需要钢铁行业研发出革命性、突破性的技术。

（五）美国

美国重新加入《巴黎协定》。美国于2020年11月4日正式退出应对全球气候变化的《巴黎协定》。2021年2月19日，美国正式重新加入《巴黎协定》。

（六）中国

中国提出“3060”目标。2020年9月22日，中国在联合国大会上庄严承诺：中国将提高国家自主贡献力度，二氧化碳排放力争于2030

年前达到峰值，努力争取 2060 年前实现碳中和。这是中国第一次在全球正式场合提出碳中和计划。2020 年 12 月 12 日，中国在气候雄心峰会上再次宣布：到 2030 年，中国单位 GDP 二氧化碳排放将比 2005 年下降 65%以上，非化石能源占一次能源消费比重将达到 25%左右，风电、太阳能发电总装机容量将达到 12 亿千瓦以上。

三、清洁能源发展情况

（一）英国

英国清洁能源资助项目。2020 年 2 月 18 日，英国政府宣布，为了推动工业领域碳减排和居民降低碳排放，英国计划斥资 9 000 万英镑（约合 1.17 亿美元），支持一批重点领域的清洁能源项目。英国商业、能源和产业战略部同一天在声明中列出了相关资助目标，重点包括投资兴建两座制氢工厂、新技术研发和实验、在英国多个城镇推广使用可再生能源等。根据英国测算，新技术研发和实验的主要目的是推动水泥、玻璃制造等高耗能行业逐渐从使用化石能源转向使用可再生能源，如果改造升级成功，每年可以减少 320 万吨二氧化碳的排放。降低普通家庭的碳排放，主要措施就是在多个城镇推广可再生能源，计划到 2030 年，超过 25 万户家庭将使用风电、地热能等。

（二）阿联酋

阿联酋将建设首个垃圾与太阳能结合的电站发电项目。2020 年 8 月，阿联酋宣布计划建设第一座垃圾发电和太阳能发电相结合的电站。阿联酋电力供给主要依靠天然气和水力发电，目前阿联酋正在发展可再生能源和核能。“垃圾+太阳能”发电项目具体由 Beeah 公司和阿布扎比清洁能源公司 Masdar 的合资企业合作实施，在两家公司发布的一份声明中，说明了该项目的预计进度和成果，项目从 2021 年开始分两个阶段启动。第一阶段是先改造 27 公顷的垃圾填埋场，变为装机量为 24 兆瓦的太阳能发电场，第二阶段是再改造 20 公顷的垃圾填埋场，安装 16 兆瓦的太阳能发电设施。预计项目改造完工后，每年既可以处理 30 万吨不可回收垃圾，同时还能产生 42 兆瓦的电力。

（三）澳大利亚

澳大利亚政府将可再生能源列为减排关键技术之一。2020年年初，澳大利亚政府宣布为了进一步减少碳排放量，将可再生能源列为关键减排技术之一进行重点投资。技术内容包括氢能、碳捕集与封存、农业减排、锂矿开采、生物质燃料和废物转化为能源等低排放新技术。澳大利亚总理莫里森表示，10年内澳大利亚电网中的可再生能源发电量将增加一倍，占比50%。

（四）全球整体情况

2020年全球企业采购清洁能源23.7GW。根据彭博社新能源财经发布的研究，全球企业2020年购买了23.7GW清洁能源，高于2019年的20.1GW和2018年的13.6GW。分国家和地区看，美国是最大的采购市场，2020年美国企业签署了11.9GW购电协议，不过与2019年的14.1GW相比呈下滑态势，这也是自2016年以来美国首次出现同比下降。同时回落的还有拉丁美洲，企业清洁能源采购从2019年的2GW降至1.5GW。欧洲、中东和非洲地区企业的购电协议规增加了将近2倍，从2019年的2.6GW增加2020年的7.2GW。亚太地区的企业清洁能源采购量在2020年达到2.9GW。从企业看，亚马逊是2020年清洁能源的主要买家，排在首位，全年宣布35个单独的清洁能源购电协议，总计5.1GW。此外，法国道达尔（3GW），中国台积电（1.2GW）和美国电信Verizon（1GW）也是2020年主要的清洁能源企业采购商。

第二章

2020 年中国工业节能减排发展状况

第一节 工业发展概况

一、总体发展情况

2020 年，全国 GDP 达到 101.6 万亿元，比 2019 年增长 2.3%。其中，第二产业增加值 38.4 万亿元，比 2019 年增长 2.6%，占 GDP 比重为 37.8%。全部工业增加值 31.3 万亿元，比 2019 年增长 2.4%，增速有所放缓（见图 2-1）。据国家统计局数据显示，2020 年全年我国规模以上工业增加值增长 2.8%。在规模以上工业中，分经济类型看，国有控

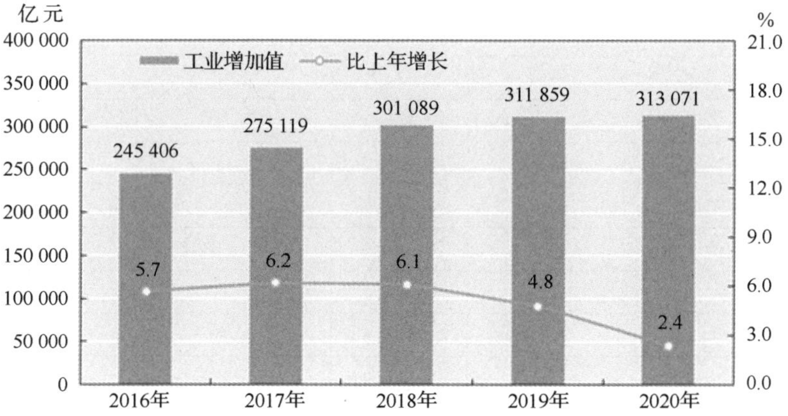

图 2-1 2016—2020 年全部工业增加值及其增速变化情况

数据来源：国家统计局。

股企业增加值增长2.2%；股份制企业增加值增长3.0%，外商及港澳台商投资企业增加值增长2.4%；私营企业增加值增长3.7%。分门类看，采矿业增加值增长0.5%，制造业增加值增长3.4%，电力、热力、燃气及水生产和供应业增加值增长2.0%。相较于2019年，除外商及港澳台商投资企业增长小幅上升外，其他指标的增长幅度均有所下降。

2020年全年规模以上工业中，多数行业保持增长态势。其中，纺织业增长0.7%，化学原料和化学制品制造业增长3.4%，非金属矿物制品业增长2.8%，黑色金属冶炼和压延加工业增长6.7%，通用设备制造业增长5.1%，专用设备制造业增长6.3%，汽车制造业增长6.6%，电气机械和器材制造业增长 8.9%，计算机、通信和其他电子设备制造业增长7.7%，电力、热力生产和供应业增长1.9%。主要工业产品产量实现增长，发电机组（发电设备）、集成电路、微型计算机设备等多种工业产品产量增长速度超过20%。具体数据如表2-1所示。

表2-1　2020年主要工业产品产量及其增速

产品名称	产量	单位	比上年增长/%
纱	2 618.3	万吨	-7.4
布	460.3	亿米	-17.1
化学纤维	6 126.5	万吨	4.1
成品糖	1 431.3	万吨	3.0
卷烟	23 863.7	亿支	0.9
彩色电视机	19 626.2	万台	3.3
其中：液晶电视机	19 247.2	万台	3.0
家用电冰箱	9 014.7	万台	14.0
房间空气调节器	21 035.3	万台	-3.8
一次能源生产总量	40.8	亿吨标准煤	2.8
原煤	39.0	亿吨	1.4
原油	19 476.9	万吨	1.6
天然气	1 925.0	亿立方米	9.8
发电量	77 790.6	亿千瓦·时	3.7
其中：火电	53 302.5	亿千瓦·时	2.1
水电	13 552.1	亿千瓦·时	3.9

续表

产品名称	产　量	单　位	比上年增长/%
核电	3 662.5	亿千瓦·时	5.1
粗钢	106 476.7	万吨	7.0
钢材	132 489.2	万吨	10.0
十种有色金属	6 188.4	万吨	5.5
其中：精炼铜（电解铜）	1 002.5	万吨	2.5
原铝（电解铝）	3 708.0	万吨	5.6
水泥	24.0	亿吨	2.5
硫酸（折 100%）	9 238.2	万吨	1.3
烧碱（折 100%）	3 673.9	万吨	6.2
乙烯	2 160.0	万吨	5.2
化肥（折 100%）	5 496.0	万吨	-4.1
发电机组（发电设备）	13 226.2	万千瓦	38.3
汽车	2 532.5	万辆	-1.4
其中：基本型乘用车（轿车）	923.9	万辆	-10.2
运动型多用途乘用车（SUV）	905.0	万辆	2.6
大中型拖拉机	34.6	万台	23.0
集成电路	2 614.7	亿块	29.6
程控交换机	702.5	万线	-11.1
移动通信手持机	146 961.8	万台	-13.3
微型计算机设备	37 800.4	万台	10.6
工业机器人	21.2	万台（套）	20.7

数据来源：国家统计局。

工业生产结构继续优化，供给侧结构性改革不断深化，新产业、新业态、新模式成长迅速。2020 年全年规模以上工业中，高技术制造业增加值比 2019 年增长 7.1 个百分点，占规模以上工业增加值的比重为 15.1%；装备制造业增加值增长 6.6 个百分点，占规模以上工业增加值的比重为 33.7%。2020 年全年规模以上服务业中，战略性新兴服务业企业营业收入比 2019 年增长 8.3 个百分点。2020 年全年高技术产业投资比 2019 年增长 10.6%。2020 年全年新能源汽车产量 145.6 万辆，比 2019 年增长 17.3%；集成电路产量 2 614.7 亿块，增长 29.6%。2020 年全年网上零售额 11.7 万亿元，按可比口径计算，比 2019 年增长 10.9%。

工业企业总体效益有所增长，部分行业利润降幅明显。2020 年，规模以上工业企业利润 6.5 万亿元，比 2019 年增长 4.1 个百分点。分经济类型看，国有控股企业利润 1.5 万亿元，比 2019 年下降 2.9 个百分点；股份制企业利润 4.5 万亿元，比 2019 年增长 3.4 个百分点，外商及港澳台商投资企业利润 1.8 万亿元，比 2019 年增长 7.0 个百分点；私营企业利润 2.0 万亿元，比 2019 年增长 3.1 个百分点。分门类看，采矿业利润 0.4 万亿元，比 2019 年下降 31.5 个百分点；制造业利润 5.6 万亿元，比 2019 年增长 7.6 个百分点；电力、热力、燃气及水生产和供应业利润 0.5 万亿元，比 2019 年增长 4.9 个百分点。2020 年全年规模以上工业企业每百元营业收入中的成本为 83.89 元，比 2019 年减少 0.11 元；营业收入利润率为 6.08%，比 2019 年提高 0.2 个百分点。2020 年年末规模以上工业企业资产负债率为 56.1%，比 2019 年年末下降 0.3 个百分点。2020 年全年全国工业产能利用率为 74.5%，其中一、二、三、四季度分别为 67.3%、74.4%、76.7%、78.0%。

二、重点行业发展情况

2020 年，我国工业行业发展总体保持平稳，高质量发展稳步推进。工业生产结构继续优化，高技术产业、战略性新兴产业和装备制造业增长较快，多数行业与主要工业产品保持增长态势。

（一）钢铁行业

国家统计局数据显示，2020 年，全国生铁、粗钢和钢材产量分别为 8.9 亿吨、10.65 亿吨和 13.25 亿吨，同比分别增长 4.3%、7.0%和 10.0%。海关总署数据显示，全年全国累计进口钢材 2 023.3 万吨，同比增长 64.4%，均价 831.6 美元/吨。同期全国累计出口钢材 5 367.1 万吨，同比下降 16.5%，均价 847.2 美元/吨。2020 年，全国钢筋产量 2.7 亿吨，同比增长 5.1%；中厚宽钢带、线材（盘条）产量均约 1.7 亿吨，同比分别增长 12.2%、6.4%；焊接钢管产量 6 166.6 万吨，同比增长 5.6%；冷轧薄板产量 3 912.3 万吨，同比增长 3.9%。

（二）有色金属行业

2020 年，有色金属行业持续深化供给侧结构性改革，推进传统产业控产能、促转型，加快高端产业强基础、补短板，推动行业高质量发展，行业运行整体平稳。国家统计局数据显示，十种有色金属产量 6 188.4 万吨，同比增长 5.5%，增幅同比增长 2.0 个百分点。2020 年 4 月以来十种有色金属价格持续回暖，铜、铝全年现货均价分别为 4.9 万元/吨、1.4 万元/吨，同比分别增长 2.1%、1.7%；铅、锌全年现货均价分别为 1.5 万元/吨、1.8 万元/吨，同比分别下降 11.3%、9.7%，降幅同比收窄 1.7 和 3.8 个百分点。

（三）建材行业

2020 年，建材工业增加值同比增长 2.8%，与整个工业增速持平。主要建材产品生产保持增长，其中水泥、平板玻璃的产量分别为 24 亿吨、9.5 亿质量箱，同比分别增长 2.5%和 1.3%。价格总体稳定，效益稳中有升，2020 年全年规模以上建材企业完成营业收入 5.6 万亿元，利润总额超过 4 870 亿元，同比分别增长 0.1%和 3.2%。

（四）机械行业

2020 年，机械工业增加值同比增长 6%，超过 2019 年同期 5.1 个百分点；12 月当月增加值同比增长 10.6%。全年累计实现营业收入 23.01 万亿元，同比增长 4.2%；利润总额 1.45 万亿元，同比增长 8.6%。2020 年，全国工业机器人完成产量 21.2 万台，同比增长 20.7%；全国规模以上工业机器人制造企业营业收入 531.7 亿元，同比增长 6.0%，实现利润总额 17.7 亿元，同比下降 26.9%，降幅较前三季度收窄 24.4 个百分点。2020 年 12 月，全国工业机器人完成产量 29 706 台，同比增长 32.4%。

（五）纺织行业

2020 年，规模以上纺织企业工业增加值同比下降 2.6%。其中，纺织业工业增加值同比增长 0.7%；化学纤维制造业工业增加值同比增长 2.2%；纺织服装、服饰业工业增加值同比下降 9.0%。受防疫物资需求拉动，2020 年规模以上产业用纺织品企业工业增加值同比增长 54.1%，无纺布产量同比增长 15.8%。2020 年，规模以上纺织企业实现营业收入 45 191 亿元，同比下降 8.8%；实现利润总额 2 065 亿元，同比下降 6.4%。2020 年，我国纺织品服装出口 2 912 亿美元，同比增长 9.6%。

（六）家电行业

2020 年，全国家用电冰箱产量 9 014.7 万台，同比增长 10.4%；房间空气调节器产量 21 035.3 万台，同比下降 3.8%；家用洗衣机产量 8 041.9 万台，同比增长 3.9%。2020 年，全国家用电器行业营业收入 14 811.3 亿元，同比下降 1.1%；利润总额 1 156.9 亿元，同比下降 5.6%。海关总署数据显示，2020 年家用电器商品出口额 661.3 亿美元，同比增长 23.5%。

（七）电子信息制造业

2020 年，规模以上电子信息制造业增加值同比增长 7.7%，增速比 2019 年回落 1.6 个百分点；出口交货值同比增长 6.4%，增速比 2019 年提高 4.7 个百分点；实现营业收入同比增长 8.3%，增速同比提高 3.8 个百分点；利润总额同比增长 17.2%，增速同比提高 14.1 个百分点。营业收入利润率为 4.89%，营业成本同比增长 8.1%。

第二节　工业能源资源消费状况

一、能源消费情况

我国仍然是世界上最大的能源消费国。据《中华人民共和国 2020 年国民经济和社会发展统计公报》初步核算，2020 年全年能源消费总量 49.8 亿吨标准煤，比 2019 年增长 2.2%。煤炭消费量增长 0.6%，原油消费量增长 3.3%，天然气消费量增长 7.2%，电力消费量增长 3.1%。煤炭消费量占能源消费总量的 56.8%，比 2019 年下降 0.9 个百分点；天然气、水电、核电、风电等清洁能源消费量占能源消费总量的 24.3%，上升 1.0 个百分点。重点耗能工业企业单位电石综合能耗下降 2.1%，单位合成氨综合能耗上升 0.3%，吨钢综合能耗下降 0.3%，单位电解铝综合能耗下降

1.0%，每千瓦·时火力发电标准煤耗下降 0.6%。全国万元 GDP 二氧化碳排放下降 1.0%。

我国清洁能源替代作用十分明显。虽然我国能源消费总量仍在增长，但能源消费结构正在向更加清洁、更加可持续的方向发展。煤炭在我国能源消费总量中的比重逐年下降，清洁能源消费占能源消费总量的比重逐年上升，如图 2-2 所示。

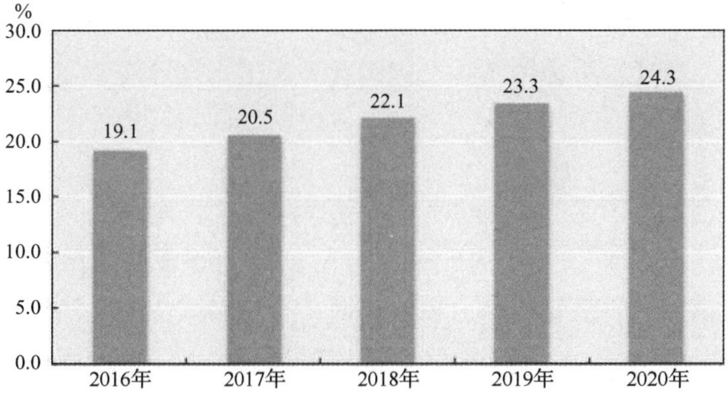

图 2-2　2016—2020 年我国清洁能源消费量占能源消费总量的比重

数据来源：国家统计局。

2020 年年末，全国发电装机容量 22.0 亿千瓦，同比增长 9.5%。其中，火电装机容量 12.5 亿千瓦，增长 4.7%；水电装机容量 3.7 亿千瓦，增长 3.4%；核电装机容量 0.5 亿千瓦，增长 2.4%；并网风电装机容量 2.8 亿千瓦，增长 34.6%；并网太阳能发电装机容量 2.5 亿千瓦，增长 24.1%。

二、资源开发利用情况

（一）水资源

2020 年，全国供水总量和用水总量均为 5 812.9 亿立方米，较 2019 年减少 208.3 亿立方米。其中，地表水源供水量 4 792.3 亿立方米，地下水源供水量 892.5 亿立方米；生活用水 863.1 亿立方米，工业用水 1 030.4 亿立方米，农业用水 3 612.4 亿立方米。全国人均综合用水量 412

立方米，万元 GDP（当年价）用水量 57.2 立方米。万元工业增加值（当年价）用水量 32.9 立方米，城镇人均生活用水量（含公共用水）207L/d，农村居民人均生活用水量 100L/d。按可比价计算，万元 GDP 用水量和万元工业增加值用水量分别比 2019 年下降 5.6%和 17.4%。

（二）土地资源

1. 土地利用程度显著提高

自然资源部组织开展了 2020 年度国家级开发区土地集约利用监测统计工作，统计范围内的 541 个国家级开发区土地开发利用程度总体良好。在工业用地综合容积率方面，参评国家级开发区工业用地综合容积率 0.93，较 2019 年增加 0.02 个百分点。在工业用地率方面，参评国家级开发区工业用地率 48.52%，较 2019 年减少 0.13 个百分点。其中，430 个工业主导型开发区工业用地率 58.47%，111 个产城融合型开发区工业用地率 23.81%。在投入产出效益方面，参评国家级开发区工业用地固定资产投入强度 8 984.30 万元/公顷，较 2019 年提高 4.60%；工业用地地均税收 678.99 万元/公顷，较 2019 年度提高 3.40%；综合地均税收 539.96 万元/公顷，较 2019 年减少 3.87%。国家级开发区土地开发有序、供应及时、建设充分，开发利用建设程度明显提高。

2. 土地利用强度稳步提升

2019 年，统计范围内的国家级开发区综合容积率 0.96，工业用地综合容积率为 0.91，二者分别比 2018 年提高了约 0.02、0.01；建筑密度 32.30%，比 2018 年提高了 0.72 个百分点；工业用地建筑系数 51.37%，比 2018 度提高了 0.38 个百分点。国家级开发区已建成城镇建设用地利用强度比上一轮次进一步提升，建设用地利用方式更趋集约。

3. 开发区用地结构逐步调整

2019 年，统计范围内的国家级开发区工矿仓储用地面积 17.82 万公顷，工业用地率 48.65%，比 2018 年提高了 0.14 个百分点；住宅用地面积 5.80 万公顷，占已建成城镇建设用地面积的 15.84%，比 2018 年提高了约 0.30 个百分点。

4. 开发区用地效益有所降低

2019 年，统计范围内的国家级开发区工业用地固定资产投入强度

8 589.12 万元/公顷，比 2018 年提高了 3.40%。工业用地地均税收达到 656.64 万元/公顷，比 2018 年减少了 4.41%。工业用地地均收入 13 139.37 万元/公顷，比 2018 年减少了 2.17%。综合地均税收 561.67 万元/公顷，比 2018 年减少了 0.79%。人口密度 81 人/公顷，比 2018 年减少了 1.11%。

（三）矿产资源

矿产资源全面节约和高效利用水平进一步提高。2019 年，全国油气矿产地质勘查投资增长 29.0%，页岩气形成川南万亿立方米大气区，深层和常压页岩气勘查取得新进展。全国新发现矿产地 79 处，煤炭、天然气、页岩气、锰矿、铅矿、锌矿、铝土矿、钨矿、钼矿、锑矿、金矿、菱镁矿、石墨等重要矿产查明资源增长。我国采矿业固定资产投资增长 24.1%，一次能源、粗钢、十种有色金属、黄金、水泥等产量和消费量继续居世界首位。

2019 年，铁矿石产量 8.4 亿吨，较 2018 年增长 4.9%，视消费量 14.1 亿吨（标矿）；粗钢产量 10.0 亿吨，较 2018 年增长 7.2%。十种有色金属产量 5 841.6 万吨，较 2018 年增长 3.1%。其中，精炼铜 978.4 万吨，较 2018 年增长 10.2%；电解铝 3 504.4 万吨，较 2018 年减少 0.9%。主要有色金属矿产品中，铜精矿产量 162.8 万吨，较 2018 年增长 4.1%；铅精矿产量 123.1 万吨，较 2018 年下降 7.5%；锌精矿产量 280.6 万吨，较 2018 年下降 1.0%。黄金产量 500.4 吨（其中矿山金产量 380.2 吨），较 2018 年下降 2.6%；全国黄金消费量 1 002.8 吨，较 2018 年增长 12.9%。非金属矿产中，磷矿石产量 9 332.4 万吨（折含 P_2O_5 30%），较 2018 年减少 3.1%；平板玻璃 9.3 亿质量箱，较 2018 年增长 6.6%；水泥 23.5 亿吨，较 2018 年增长 4.9%。

第三节　工业节能减排状况

一、工业节能进展

（一）工业节能取得积极成效

近年来，工业通过转变发展方式、优化结构、转换增长动力，实现了由高速发展向高质量发展的初步转换，工业总体规模和综合实力稳步提升。工业和信息化部（以下简称工信部）等制定并实施了《工业绿色发展规划（2016—2020年）》和《绿色制造工程实施指南》，全面推行绿色制造，推动工业绿色转型升级，工业节能和绿色发展取得积极成效。2016年至2019年，规模以上企业单位工业增加值能耗累计下降超过15%。2020年，重点耗能工业企业单位电石综合能耗下降2.1%，单位合成氨综合能耗上升0.3%，吨钢综合能耗下降0.3%，单位电解铝综合能耗下降1.0%，每千瓦·时火力发电标准煤耗下降0.6%。全国万元GDP二氧化碳排放下降1.0%。

（二）结构节能正在深入推进节能技术装备水平持续提升

利用能耗、水耗、环保、安全、质量等综合标准，依法、依规淘汰落后和化解过剩产能，破除无效供给。全国围绕锅炉、窑炉、电机、内燃机、节能与新能源汽车、余热回收、节能家电、绿色照明等涉及的共性材料、技术和装备，不断加大研发投入力度，开展科技攻关，加强科技创新，推进节能技术与装备产业化进程，节能技术水平不断提高。锅炉领域，通过加快研发高效低氮燃烧器、智能配风系统、波纹板式换热器、螺纹管式换热器等装备，进一步提升了锅炉高效清洁燃烧水平和高效换热水平。开发应用锅炉系统能效在线诊断与专家咨询系统、主辅机匹配优化技术等，锅炉自动调节和智能燃烧控制水平不断提高。高效环保的循环流化床、工业煤粉锅炉及生物质成型燃料锅炉等产业化程度进一步提升。

（三）节能诊断和节能监察双轮驱动节能管理

“十三五”期间，工信部进一步加强节能监察体制机制建设，组织实施国家重大工业专项节能监察，取得了显著成效。节能监察工作有力促进了市场公平，加快了高效节能技术、装备、工艺和产品的推广应用，推动了工业企业节能降耗。“十三五”期间组织节能服务公司为1.4万家企业提供节能诊断服务，实施能效“领跑者”制度，工业节能标准体系更加完善，企业能源管理更加规范。

二、工业节水进展

（一）工业用水总量逐步减少，工业用水效率逐步提升

2019 年工业用水总量达到 1237 亿立方米，占全国用水量的 21%，是全国第二大耗水门类，工业用水下降 2.1%。“十三五”以来，随着工业节水工作推进，工业用水总量呈下降态势，预计未来生活用水和生态用水占比将逐渐上升，工业用水占比将逐步下降。2019 年万元工业增加值用水量 42 立方米，下降 7.2%。

（二）工业节水技术不断推广

2019 年，工信部会同水利部发布了《国家鼓励的工业节水工艺、技术和装备目录（2019 年）》，涵盖了共性通用、钢铁、石化化工、纺织印染、造纸、有色金属、食品、皮革、制药、电子、煤炭、建材、蓄电池 13 类 128 项急需推广应用的工业节水技术。其中遴选了 32 项共性通用技术，包括循环水处理技术、循环水冷却技术、高盐废水处理技术、智能水管理技术、非常规水利用技术，适用面广，涉及钢铁、石化化工、纺织、造纸等多个行业，节水潜力巨大。为进一步增进各界对相关技术特点和应用情况的了解，工信部《国家鼓励的工业节水工艺、技术和装备（2019 年）应用指南及案例》，较详细地介绍了重点节水技术装备的特点和案例。加快推进共性通用技术的研发与应用，对全面提升用水效率具有重要意义。

（三）区域工业节水工作初显成效

“十三五”期间，工业领域关注到重点缺水区域节水的问题，以京津冀地区为首，率先开展了京津冀地区工业节水工作。京津冀两市一省以占全国 2.3%的国土面积、不足 1%的水资源，承载了全国 8%的人口、9.5%的工业增加值、近 26%的钢铁产量，水资源长期处于严重超载状态。2019 年，工信部、水利部、科技部、财政部等部门联合印发了《京津冀工业节水行动计划》，立足京津冀水资源条件，紧密结合区域经济结构调整和绿色发展需要，优化工业用水结构，实施工业节水技术改造，加强工业用水管理，完善标准和政策体系，不断提高工业用水效率和效

益，努力形成集约高效、循环多元、智慧清洁的工业用水方式。

三、工业减排进展

（一）工业领域大气污染物防治取得积极进展

近年来，京津冀及周边地区持续推进能源、产业、交通结构优化调整，稳步推进煤炭减量替代，持续提升清洁能源使用比例，强化工业污染综合防治，成效显著。2019 年，京津冀及周边地区 PM2.5 浓度同比下降 1.7%，北京市 PM2.5 浓度达到 42 微克/立方米。2019 年，京津冀及周边地区继续实施了重点区域秋冬季攻坚行动。北方地区清洁取暖试点城市实现京津冀及周边地区和汾渭平原全覆盖，完成散煤治理 700 多万户。实现超低排放的煤电机组累计约 8.9 亿千瓦，占总装机容量的 86%。23 个省份 324 家钢铁企业的 7.8 亿吨粗钢产能开展超低排放改造。推进工业炉窑、重点行业挥发性有机物治理。加强“散乱污”企业及集群综合整治。在 31 个城市开展清洁车用油品专项行动。

（二）开展重点流域工业水污染物防治

2019 年，全国 1 940 个地表水国控断面中，水质优良断面比例为 74.9%，同比上升 3.9 个百分点；劣 V 类断面比例为 3.4%，同比下降 3.3 个百分点。各地以水污染为代价的发展方式正在发生积极的变化，经济发展质量进一步优化。持续打好碧水保卫战，全面完成长江流域 2.4 万千米岸线、环渤海 3 600 千米岸线及沿岸 2 千米区域的入河、入海排污口排查。其中，长江入河排污口 60 292 个、渤海入海排污口 18 886 个，与之前各地及各有关部门掌握的排污口数量相比分别增加约 30 倍、25 倍。开展工业园区污水整治专项行动，长江经济带 95%的省级及以上工业园区建成污水处理设施并安装在线监测装置，建成 5.56 万千米污水收集管网。

（三）开展土壤污染防治工作

2019 年，扎实推进净土保卫战，稳步推进重点行业企业用地调查。开展涉镉等重金属重点行业企业排查整治，明确了 1 938 家需要整治的企业。30 个省份初步建立污染地块部门联动监管机制。21 个省份公布建设用地土壤污染风险管控和修复名录。11 部委签署土壤环境数据资源共享协议。聚焦长江经济带，开展“清废行动 2019”，发现的 1 254 个问题中 1 163 个完成整改。深化垃圾焚烧发电行业专项整治行动，201 家企业向社会做出守法承诺，405 家企业完成“装、树、联”，从 2020 年开始公开污染物自动监测数据。全国累计排查涉重金属企业 13 994 家，实施重金属减排工程 261 个。长江经济带 1 105 个尾矿库制定实施污染防治方案。

四、工业资源综合利用进展

《2020 年全国大、中城市固体废物污染环境防治年报》数据显示，工业资源综合利用产业规模逐步扩大。2019 年，196 个大、中城市一般工业固体废物产生量达 13.8 亿吨，综合利用量 8.5 亿吨，处置量 3.1 亿吨，储存量 3.6 亿吨，倾倒丢弃量 4.2 万吨。一般工业固体废物综合利用量占利用处置及储存总量的 55.9%，处置和储存分别占比 20.4%和 23.6%，综合利用仍然是处理一般工业固体废物的主要途径，部分城市对历史堆存的一般工业固体废物进行了有效的利用和处置。

2019 年，重点工业企业尾矿产生量 10.3 亿吨，综合利用量为 2.8 亿吨（其中利用往年储存量 1 777.5 万吨），综合利用率为 27.0%。尾矿产生量最大的两个行业是有色金属矿采选业和黑色金属矿采选业，其产生量分别为 4.6 亿吨和 4.4 亿吨，综合利用率分别为 27.1%和 23.4%。

2019 年，重点工业企业的粉煤灰产生量 5.4 亿吨，综合利用量为 4.1 亿吨（其中利用往年储存量 213.0 万吨），综合利用率为 74.7%。粉煤灰产生量最大的行业是电力、热力生产和供应业，其产生量为 4.7 亿吨，综合利用率为 75.2%；其次是化学原料和化学制品制造业、有色金属冶炼和压延加工业、石油、煤炭及其他燃料加工业、造纸和纸制品业，其产生量分别为 2 312.2 万吨、1 363.9 万吨、993.5 万吨和 656.7 万吨，综合利用率分别为 64.2%、63.0%、70.2%和 76.6%。

2019 年，重点工业企业的煤矸石产生量为 4.8 亿吨，综合利用量为 2.9 亿吨（其中利用往年储存量 525.7 万吨），综合利用率为 58.9%。煤矸石主要是由煤炭开采和洗选业产生的，其产生量为 4.7 亿吨，综合利用率为 58.5%。重点工业企业的冶炼废渣产生量为 4.1 亿吨，综合利用量为 3.6 亿吨（其中利用往年储存量 498.8 万吨），综合利用率为 88.6%。冶炼废渣产生量最大的行业是黑色金属冶炼和压延加工业，其产生量为 3.6 亿吨，综合利用率为 91.2%；其次是有色金属冶炼和压延加工业，其产生量为 3 132.3 万吨，综合利用率为 66.8%。

第三章

2020 年中国节能环保产业发展

节能环保产业是为节约能源资源、发展循环经济、保护环境提供技术基础和装备保障的战略性新兴产业，可细分为节能技术和装备、高效节能产品、节能服务产业、先进环保技术和装备、环保产品与环保服务六大领域。“十三五”时期，绿色发展上升成为“五大发展理念”之一，生态文明首次写入党章。发展节能环保产业有利于改善生态环境质量，补齐资源环境短板，提升绿色竞争力，促进新旧动能转换，是推进生态文明建设、建设美丽中国的客观要求。

第一节　总体状况

一、发展形势

2020 年是“十三五”收官之年，面对突发的新冠肺炎疫情、世界经济增速严重放缓的冲击，在以习近平同志为核心的党中央的坚强领导下，各地区、各部门全面贯彻习近平生态文明思想，准确把握新发展阶段，积极践行新发展理念，加速构建新发展格局，加快发展方式绿色转型，全年发展主要目标任务较好完成，节能环保工作成效显著。能源消耗强度和二氧化碳排放强度持续下降；能源结构不断优化，可再生能源装机规模稳步扩大，截至 2020 年年底，我国可再生能源发电装机达到 9.34 亿千瓦，“十三五”期间增幅达 94.5%；生态环境质量持续改善，2020 年，全国地级及以上城市空气质量优良天数比率为 87%，与 2015 年相比上升 5.8 个百分点，全国 PM2.5 平均浓度为 33 微克/立方米，PM2.5 未达标城市平均浓度与2015年相比下降28.8%；主要污染物排放量大幅下降，2020年，全国PM2.5、PM10、O_3、SO_2、NO_2、CO平均浓度同比分别下降8.3%、11.1%、6.8%、9.1%、11.1%、7.1%。其中，由于我国应对新冠肺炎疫情及时，经济率先恢复，各行各业产量、产值迅速爬坡，2020年能源消耗较高，导致“十三五”时期能源消耗强度下降目标未完成。

2020年9月22日，国家主席习近平提出中国应对气候变化国家自主贡献目标，二氧化碳排放力争在2030年前达峰，努力争取在2060年前中和，对高质量发展提出了更高的新要求。新形势下，要统筹经济社会发展和应对气候变化工作，加强产业布局优化和结构调整，加快形成绿色低碳循环发展的产业体系，充分发挥节能环保产业的作用，推动经济社会高质量、可持续发展。

二、发展现状

“十三五”期间，我国节能环保产业发展稳中有进，在经济下行的大形势下，起到了国民经济支柱产业的作用。2020年，全国节能环保产业产值7.5万亿元，同比增速7.1%，5年复合增长率10.5%，是2015年产值的1.7倍。与此同时，节能环保产业对国民经济的贡献保持稳定。2020年节能环保产业产值占GDP比重为7.4%，与前两年持平。相关数据如图3-1所示。

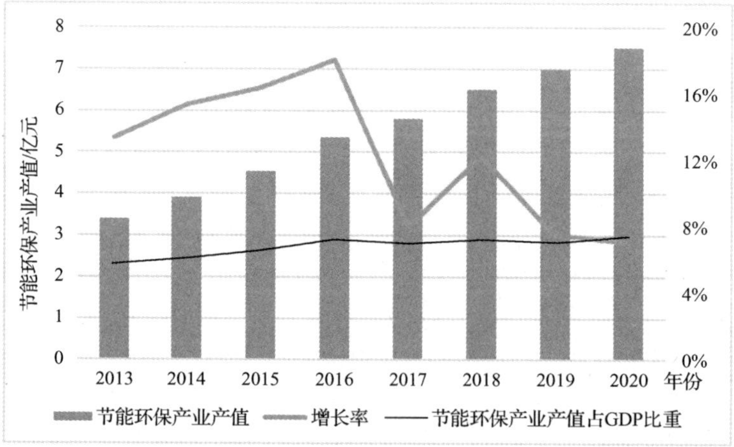

图3-1　2013—2020年节能环保产业产值及增长率

数据来源：中国环境保护产业协会网站。

2020 年，科创板节能环保产业净利润 43 亿元，同比增速 34%，较 2019 年下降 17 个百分点。营业收入增速加速回落，为 17%，较 2019 年下降近 21 个百分点。盈利质量有所下滑，2020 年节能环保产业净利率为 13%，较 2019 年下降约 4 个百分点。

三、主要推动措施

（一）优化节能环保产业发展环境

为着力壮大节能环保产业，解决民营节能环保企业发展中面临的实际困难，2020 年 5 月 21 日，国家发展和改革委员会（以下简称“国家发改委”）、科学技术部（以下简称“科技部”）、工信部、生态环境部、中国银行保险监督管理委员会（以下简称“银保监会”）、中华全国工商业联合会（以下简称“全国工商联”）联合印发了《关于营造更好发展环境 支持民营节能环保企业健康发展的实施意见》，从公平开放的市场环境、稳定普惠的产业政策、企业经营、信息沟通反馈机制等方面系统地梳理了支持民营节能环保企业健康发展的思路和措施，并针对现有政策在实施过程中遇到的新情况、新问题做出了具体规定。该意见将进一步优化节能环保领域市场营商环境，保障民营企业公平公正参与竞争，为打赢污染防治攻坚战、统筹推进新冠肺炎疫情防控和经济社会发展工作提供坚实保障。

（二）实施节能环保示范工程

深入实施绿色制造工程，发挥绿色制造先进典型的示范带动作用。2020 年，进一步开发绿色设计产品 1 073 种，建设绿色工厂 719 家、绿色园区 53 家，打造绿色供应链管理示范企业 99 家，绿色关键工艺技术取得突破，绿色制造体系逐步构建。“十三五”期间，共发布五批绿色制造名单，包括绿色工厂 2 121 家、绿色设计产品 2 170 种、绿色园区 171 家、绿色供应链管理示范企业 189 家。推动废旧动力蓄电池回收利用体系建设，开展新能源汽车动力蓄电池回收利用试点工作。提高资源综合利用水平，开展大宗固体废弃物（以下简称“固废”）综合利用基地建设。2019 年，大宗固废综合利用率达到 55%，比 2015 年提高 5 个百分点。“十三五”期间，累计综合利用各类大宗固废约 130 亿吨，减少占用土地超过 100 万亩，资源环境和经济效益显著。

（三）培育环保装备制造业

2020 年，工信部按照《环保装备制造行业（大气治理）规范条件》《环保装备制造行业（污水治理）规范条件》《环保装备制造行业（环境监测仪器）规范条件》和《环保装备制造业（固废处理装备）规范条件》有关要求，发布符合环保装备制造业规范条件企业 84 家，培育一批环保装备骨干企业，提升先进环保装备有效供给。2020 年，工信部、科技部和生态环境部联合发布了《国家鼓励发展的重大环保技术装备目录（2020 年版）》，在大气污染防治、水污染防治、土壤污染修复、固废处理、环境监测专用仪器仪表、环境污染防治专用材料与药剂环境污染应急处理、环境污染防治设备专用零部件、噪声与振动控制九大领域遴选出 162 项开发、应用、推广类技术装备，促进供需对接。

（四）推动工业能效水平持续提升

2020 年，工信部遴选发布 308 项国家工业节能技术装备、185 个“能效之星”产品、62 项国家绿色数据中心先进适用技术产品，加快高效节能技术、装备和产品的推广应用，引导绿色生产和绿色消费。组织开展 2020 年国家重点工业专项节能监察，对石化化工等重点高耗能行业、电机等重点用能产品设备使用企业和数据中心实施专项监察，倒逼企业加快技术改造，企业能效水平大幅提升。实施工业节能诊断服务行动计划，修订《工业企业节能诊断服务指南》，编制钢铁、水泥、电子、纺织、食品、造纸 6 个重点行业节能诊断服务指南，组织节能诊断服务机构为 7 486 家工业企业提供节能诊断服务。

第二节　节能产业

节能产业是指采用新材料、新装备、新产品、新技术和新服务模式，在全社会能源生产和能源利用的各领域，尽可能减少能源资源消耗和高效合理利用能源的产业，包括节能技术和装备、高效节能产品、节能服务产业三大领域。我国节能事业始于 20 世纪 70 年代末。中国共产党第十六届中央委员会第五次全体会议通过了《中共中央关于制定国民经济和社会发展第十一个五年规划的建议》，首次提出把节约资源作为基本国策，要求在制定“十一五”规划时必须坚持加快转变经济增长方式的原则，加快建设资源节约型、环境友好型社会，促进经济发展与人口、资源、环境相协调；首次提出单位 GDP 能源消耗降低目标，随后建立了 GDP 能耗指标公报制度。“十三五”期间我国的万元 GDP 能耗目标为下降 15%，由于新冠肺炎疫情的影响，2020 年我国 GDP 增速放缓，导致万元 GDP 能耗实际下降了 13.7%。

一、发展特点

（一）产业规模持续扩大，增速大幅回升

2020 年，我国节能产业总产值约 3.2 万亿元。其中，节能产品产值约 1.4 万亿元；重大节能技术与装备产业产值约 1.2 万亿元，节能服务业产值约 0.6 万亿元。根据中国节能协会节能服务产业委员会统计，2020 年节能服务业产值达到 5 916.53 亿元，同比增速为 13.3%；节能服务企业数量、从业人数分别达到 7 046 家、76.7 万人，同比分别增长 7.6%、0.8%；从业公司平均注册资本约 6 000 万元，平均年营业收入 8 000 万元左右，年产值 1 亿元以上的企业占 9%。具体数据如图 3-2 所示。

（二）节能项目投资及节能量由降返升

2020 年，合同能源管理项目投资 1 245.9 亿元，与 2019 年的 1 141 亿元相比增长了 9.2%。从节能项目投资领域看，工业领域是节能产业最大的投资领域，占比为 71%；建筑领域、公共设施领域投资分别占 19%、10%。2020 年，节能项目形成年节能能力 4 050.06 万吨标准煤，相当于减排二氧化碳 10 976 万吨，同比增长 6.6%。项目投资与节能减排效益由降返升，体现出节能服务公司攻克难度实施节能项目后，节能潜力进一步释放。相关数据如图 3-3 和图 3-4 所示。

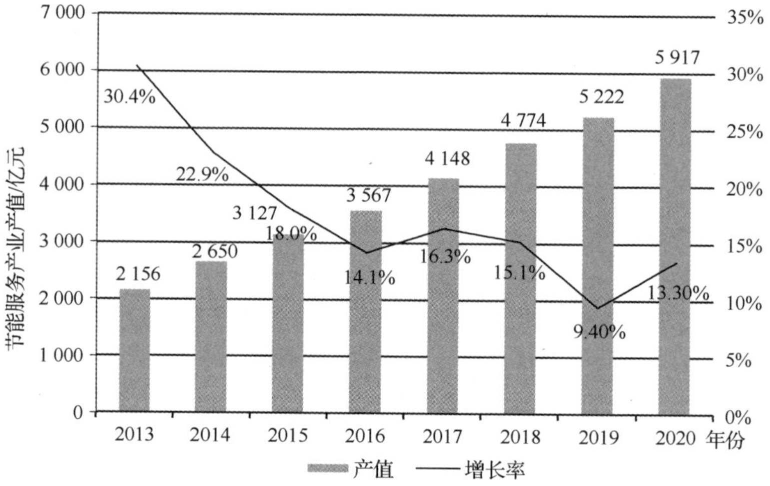

图 3-2　2013—2020 年节能服务产业产值及增长率

数据来源：中国节能协会节能服务产业委员会。

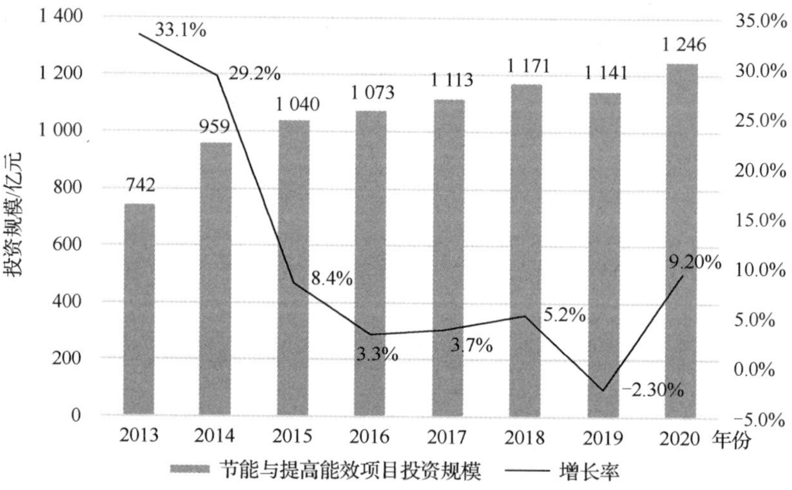

图 3-3　2013—2020 年节能与提高能效项目投资规模及增长率

数据来源：中国节能协会节能服务产业委员会。

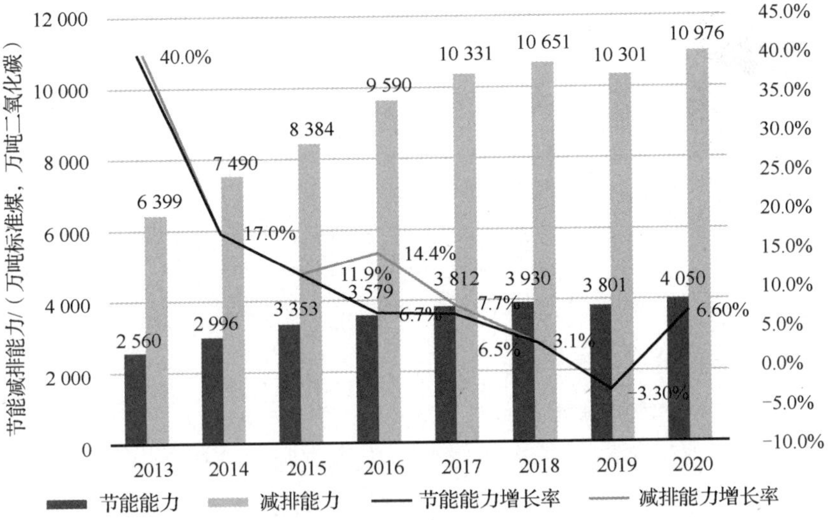

图 3-4　2013—2020 年节能减排效果及增长率

数据来源：中国节能协会节能服务产业委员会。

（三）节能技术装备水平持续提升

2020 年，我国不断加大研发投入力度，开展科技攻关，加强科技创新，推进节能技术与装备产业化进程，节能技术水平不断提高。

1. 锅炉领域

锅炉领域，加快研发波纹板式换热器、高效低氮燃烧器、螺纹管式换热器、智能配风系统等装备，锅炉高效清洁燃烧水平和高效换热水平进一步提升。锅炉自动调节和智能燃烧控制水平不断提高，锅炉系统能效在线诊断与专家咨询系统、主辅机匹配优化技术等得到应用。工业煤粉锅炉、高效环保的循环流化床、生物质成型燃料锅炉等产业化程度进一步加快。

2. 电机系统领域

电机系统领域，绝缘栅极型功率管、特种非晶电机和非晶电抗器等核心元器件的研发进一步加强，特大功率高压变频、无功补偿控制系统等核心技术及冷轧硅钢片、新型绝缘材料等关键材料的应用不断加快，高效风机水泵等机电装备整体化设计，电机及拖动系统与电力电子技术、现代信息控制技术、计量测试技术实现融合发展。稀土永磁无铁芯电机等新型高效电机的研发示范提速。

3. 内燃机领域

内燃机领域，高压燃油喷射、增压、排气后处理、高效滤清、低摩擦和高密封等技术得到推广，内燃机的综合效率不断提高，内燃机燃油消耗有所降低。先进的内燃机制造工艺及材料被推广采用，整机与配套机械的匹配技术进一步优化，废气涡轮增压技术得到大力推广，电控燃油高压喷射系统、高效增压器和关键零部件产业不断发展，内燃机节能技术水平显著提高。

4. 余能回收利用领域

余能回收利用领域，有机朗肯循环发电、吸收式换热集中供热、低浓度瓦斯发电等技术进一步攻关，中低品位余热余压资源回收利用进一步推广。炉渣、钢坯和钢材等余热回收利用技术开发步伐加快，固态余热资源回收利用得到加强。余热温差发电、新型相变储热材料、液态金属余热利用换热器技术等余热余压利用新方式正在研发探索。余热余压跨行业协同利用和余热供暖应用不断推进。自备电厂实施了烟气系统余热深度回收利用、超临界混合工质高参数一体化循环发电等技术改造。矿热炉高温烟气净化回收利用、冶金余热余压能量回收同轴机组应用、螺杆膨胀动力驱动等技术进一步推广应用。

5. 节能与新能源汽车领域

节能与新能源汽车领域，汽车节能技术显著提升，具有自主知识产权的汽油直喷、涡轮增压等先进发动机节能技术，以及双离合式自动变速器（DCT）等多挡化高效自动变速器等节能减排技术，新型车辆动力蓄电池和新型混合动力汽车机电耦合动力系统、车用动力系统和发电设备等技术装备加强应用。

6. 家电和照明领域

家电和照明领域，高效压缩机及驱动控制器、高效换热及相变储能装置、家电智能控制节能技术、待机能耗技术、制冷剂替代技术、二氧化碳热泵技术等进一步加强，空调、冰箱、电视机、热水器等主要用能家电能效水平大幅提升。高纯金属有机化合物（MO 源）、生产型金属有机源化学气相沉积设备（MOCVD）等关键材料，以及大尺寸外延芯片制备、集成封装等关键技术、硅衬底 LED 技术产业化，促进半导体照明产业水平进一步提升。

二、典型企业

（一）中国三峡新能源（集团）股份有限公司

中国三峡新能源（集团）股份有限公司（以下简称“三峡能源”）是三峡集团新能源业务的战略实施主体，业务范围包括陆上风电、光伏发电、海上风电、中小水电、储能、潮汐能，以及与新能源业务关联度高、具有优势互补和战略协同效应的相关产业。截至 2020 年 12 月，三峡能源业务已覆盖全国 30 个省、自治区和直辖市，已并网风电、光伏及中小水电装机规模超过 1 500 万千瓦，资产总额超过 1 400 亿元，盈利能力处于行业前列。

1. 经营状况

2020 年，三峡能源总资产为 1 425 亿元，较 2019 年同期增长 69.5%。全年累计实现营业收入 113.1 亿元，较 2019 年同期增长 26.27%。实现利润总额 42.66 亿元，较 2019 年同期增长 27.5%；净利润 35.89 亿元，较 2019 年同期增长 26.37%。营业收入和净利润均保持稳健增长。

2. 主营业务

三峡能源主营业务包括海上风电、陆上风电、光伏发电、中小水电、战略投资等。

海上风电方面，实施“海上风电引领者”战略，集中连片规模化开发海上风电。目前，累计获取资源超了 3 000 万千瓦，已投产项目遍及江苏、辽宁、福建、广东沿海 4 个省份，装机规模超过 130 万千瓦。广东、福建、江苏区域建有 5 个百万千瓦级海上风电基地项目。

陆上风电方面，重点建设特高压送出配套和大基地项目。目前，已投产项目遍及内蒙古、新疆、甘肃等 25 个省（区），装机规模超过 750 万千瓦，累计获取陆上风电资源超过 3 000 万千瓦。

光伏发电方面，累计获取光伏资源超过 3 000 万千瓦，已投产项目遍及青海、山西、陕西等 21 个省份，装机规模近 700 万千瓦。

中小水电方面，项目主要集中分布在云南、福建等省份。目前，装机规模超过 22 万千瓦。

战略投资方面，围绕产业链上下游，重点布局具有核心技术和科技创新能力的项目，特别是大容量风机研发制造、新型海上风电基础形式、高效太阳能发电技术、储能、氢能等领域，以直投或创投基金方式，专注于成长期或成熟期股权项目，通过投资参股新疆金风科技股份有限公司等风电龙头企业，充分发挥产业链协同效应，推动行业技术进步。打造福建三峡海上风电产业园，发挥资源和产业园联动作用，通过引进、消化、吸收、再创新，实现全产业链聚集。

3. 竞争力分析

三峡能源面对风电竞价配置、光伏开发放缓、土地环保趋紧等新情况，进一步加强对行业政策和市场形势的分析预判，聚焦中东南部和光伏“领跑者”基地、特高压送出通道等电力负荷集中区域，实施陆上风电、光伏发电、海上风电协同发展和区域均衡布局。其中，海上风电引领趋势显现，在建设国内首座海上升压站、敷设国内首条220千伏海缆、试验大容量机组、孵化和应用复合筒型基础、解决世界级抗冰锥基础设计与施工技术难题等方面走在行业前列。同时，发挥核心集成能力，通过产业链协同深入了解最新技术、标准和行业走向，通过试验示范和推广领先技术，有效实现了度电成本的降低和开发风险的控制。

在节能减排方面，三峡能源主动承担节能减排责任，努力实现绿色效益最大化，截至2020年年底，累计为社会输送清洁电力超过1 000亿千瓦·时，相当于支撑了国家13 500亿元GDP，减少二氧化碳排放约7 778万吨，节约标准煤约3 030万吨，相当于种植阔叶林约21万公顷。

（二）新疆金风科技股份有限公司

新疆金风科技股份有限公司（以下简称“金风科技”）于1998年在新疆乌鲁木齐成立，是全球清洁能源和节能环保领域的领跑企业。金风科技深度聚焦风电、能源互联网、环保三大领域，业务遍及全球六大洲、29个国家，布局全球的八大研发中心构建起驱动前沿技术发展的核心动力，全球员工近9 000人，其中研发和技术人员近3 000名。目前，金风科技已实现全球风电累计装机容量超过73GW，运维服务量超47GW，逾40 000台运行风电机组遍布世界。面向全球能源转型目标，金风科技将可再生能源与数字化技术深度融合，积极构建面向新型电力系统的零碳解决方案，在源、网、储、荷各能源环节进行优化和再造，创新能源资产管理模式，以更加智慧的能源互联网全面助力碳中和。

1. 经营状况

2020 年金风科技国内新增装机容量达 12.33GW，国内市场份额 21%，连续十年排名全国第一；全球新增装机容量 13.06GW，全球市场份额 13.51%，全球排名第二位。截至 2020 年 12 月，金风科技资产总额为 1 091.38 亿元，同比上升 5.9%。2020 年，实现营业总收入 562.65 亿元，较 2019 年同期上升 47%；净利润 29.64 亿元，较 2019 年同期上升 34%。

2. 主营业务

金风科技的主营业务包括风机设备的研发与制造、智慧风电、综合能源服务、水务环保。

智慧风电方面，金风科技深耕风电场规划，通过建立全国风能气象地理信息数据中心，将海量风资源数据实时与自主研发的数字化平台和工具连接，直观、快速地定位潜在风电项目的位置，预估项目容量、收益分析，为各级政府、风电开发商等机构提供风电项目的发展规划、宏观选址及微观选址服务。

综合能源服务方面，以风电管理为基础，依托金风科技全产业链优势，聚合供应商及合作方等相关行业资源，构建集清洁能源开发、工程、生产、运营、销售（售电）、技术及资本运作等全产业链产品的服务共享平台，实现全方位降本提效，打造以风电为核心的清洁能源全产业链共享生态圈。依据用能需求和属地清洁能源禀赋，科学规划，合理配置，集成各类分布式能源（风、光、储、燃等），实现多元化能源的优化配置、协同高效供给、智能调度，有效降低客户用能成本，提高终端能源利用率和清洁能源占比。以智慧能效管理平台为依托，通过工业大数据分析技术实现对各类能源的可视化管理和动态监测，并提供综合节能解决方案，提升企业能耗管理水平，提高能源利用效率。金风科技凭借丰富的电力资源和电力交易经验，依托自主研发的能源交易云平台，为电力用户、售电公司等市场主体提供便捷高效的电力批发、零售交易、绿证交易、碳排放交易等多种能源交易解决方案，以及用电咨询、移动运维、综合节能等专业化增值服务。金风科技帮助电力用户降低用能成本，提升绿色度，提高用能效率；助力售电公司增强客户黏性，降低运营成本，提高盈利能力。

水务环保方面，金风科技致力于实现水务项目与新能源技术的结合，构建碧水产业新生态，开展污水处理、污泥处理、中水回用、自来水、生态环境等环保项目的投资、设计、建设与运营，以及环保设备销售和环保工程的设计、施工总承包。截至目前，金风科技经营的水务资产超过300万吨/天，业务覆盖全国13个省份及城市，全国拥有水务资产52座。

3. 竞争力分析

金风科技基于现有研发平台，加强2S、3S/4S、6S/8S系列化机组研发，结合风机各领域关键技术对产品软硬件进行全面升级，产品竞争力提升。同时，为顺应风电时代的发展趋势，金风科技依托数字化技术的应用，在全面提升风电机组性能和智能化水平的同时，开发多款高性能产品，赋能全生命周期最优的解决方案，以满足全新的市场需求。依托领先的模块化设计及IPD开发体系，将GW150-2.8MW机组升级为GW150-2.8～3.0MW机组。该机组借鉴历史经验，采用载荷控制技术、模块化叶片技术、叶片净空监测技术、电量提升技术，为国内不同应用场景开发低风速资源提供更高发电性能、更高适应性的解决方案。

3S/4S平台中的GW155-4.5MW机组，运用国际先进智能风机设计理念，采用“直驱永磁+全功率变流”技术路线，可应对海上、海外、平价上网和大基地项目等各类应用场景。该机组在北美、南美、中亚、东南亚、澳洲等多个国际市场均有订单斩获；同时，该平台中的GW155-4.5MW和GW136-4.2MW两款机组获得意大利认证机构ICMQ颁发的环境产品声明（EPD）验证证书，金风科技为国内首个完成风机EPD发布的风电企业。

金风科技推出新一代直驱永磁平台GP21及系列高性能旗舰产品，包括面向中低风速市场的GW165-4.0MW机组和面向中高风速市场的GW165-5.XMW机组。GP21平台产品采用平台化和模块化的开发模式，为用户定制不同场景下的精准解决方案，实现全生命周期度电成本最优和资产价值最优。该平台产品因具备平价项目高收益应用价值，一经推出便受到开发企业的极大关注。GP21 产品系列首台 GW165-4.0MW 样机已于 2020 年 12 月 31 日正式并网发电。

面对潜力巨大的存量市场，金风科技推出 GW1S 资产提质增效综合解决方案，以新部件、新技术提升存量项目发电量，最大限度地提质增效，降低风险和投资成本，提高老旧项目用户收益率。1S 平台的 GW82-1.1MW 机型获得 *Windpower Monthly* 评选的 2020 年度全球最佳风电机组，斩获最佳陆上风电机组（4.4MW 以下）金奖，也是在本次评选中国内风电整机厂商获得的唯一金奖。

金风科技持续发力海上产品自主研发，GW175-8.0MW 海上风电机组首台样机于 2020 年 4 月在福建兴化湾吊装成功，同年 6 月完成样机调试，顺利实现“一键启机”及满功率并网发电。该机型是国内首台具有完全自主知识产权的国产 8MW 机组，具备自主研发的 E-TOP 技术和 E-Plus 超发设计，具备国际领先的叶片雨蚀控制技术、叶片净空监测技术，推出后迅速赢得市场。2020 年 6 月，该机组中标三峡福建长乐 A 区 10 万千瓦海上风电项目。

金风科技自主研发的 155 米钢混塔架设计取得鉴衡设计认证，为低风速、大风切变、大湍流、运输困难区域的风场建设提供解决方案，有效提升机组性能，提高风电场项目收益。金风科技承担了“低风速高切变风电资源关键技术研究及应用”重要子课题，凭借 140 米钢混塔架设计及施工关键技术，获得了中国施工企业管理协会颁发的 2019 年度工程建设科学技术奖一等奖。2020 年 4 月，金风科技两项课题“轻量化超大叶轮风电机组与柔性高塔一体化关键技术开发及产业化”和“电网友好型风电高效安全主动支撑关键技术及规模化应用”，获得 2019 年度北京市科学技术奖科技进步一等奖。

金风科技国内外专利申请数量逐步增长，专利申请结构不断优化。2020 年，金风科技共获得 85 张整机认证证书（国内整机证书 55 张，国际整机证书 30 张）、40 张设计认证证书、31 张型式认证证书、14 张区域合规及技术认证。金风科技国内新增专利申请 493 项，其中包括 353 项新增发明专利申请，占比 72%；其中新增美国专利申请，占比 24%；102 项新增软件著作权申请；49 件新增国内商标申请。另外，还有 613 件国内新增专利授权，包括 359 项新增发明专利授权，占比 58%；98

件海外新增授权专利；12 件国内新增核准注册商标。

金风科技积极参与国际、国内风电相关标准的制修订，截至 2020 年年底，共参与 16 项国际电工委员会标准制修订，其中两项牵头制定；国内共参与 230 项标准的制修订（国家标准 104 项，行业标准 96 项，地方及协会标准 30 项），其中已发布标准有 153 项。

第三节　环保产业

一、2020 年我国环保产业发展基本情况

（一）环保产业发展情况

2020 年年初，受新冠肺炎疫情影响程度较大，环保产业呈断崖式下跌，尤其是环保工程建设和环保设备销售。环保企业资金压力增大，利润萎缩，部分企业陷入困境。据中国环境保护产业协会统计，2020 年一季度环保产业业绩大幅下滑，营业收入同比下降 14.7%。二季度以来，新冠肺炎疫情得到有效控制，各行各业复工复产，经济形势好转。固废处理、水务、环卫等刚性需求爆发，环保产业有所回暖。2020 年上半年整个环保产业营业收入下降幅度收窄至 9.0%。但其中环保装备制造业依旧延续了一季度发展态势，上半年营业收入同比下降 13%，市场恢复程度相对较低。三季度以来，污染防治攻坚战进入收官阶段，因疫情积压搁置的市场需求在短时间内快速恢复增长，环保产业业绩呈触底反弹趋势。据安信证券统计，三季度环保板块上市公司营业收入 868.73 亿元，同比增长 13.38%，归属于母公司净利润 87.76 亿元，同比增长 20.77%。

（二）环保产业新格局逐渐成形

受行业特点的影响，民营企业长期在环保产业中占据主导地位。2018 年金融去杠杆、PPP 清库存，民营环保企业资金紧张，面临信用违约问题，地方国资和央企入主民营环保企业密集发生。据不完全统计，2018—2019 年通过股权转让、联合重组等多种合作方式引入国资的民营环保企业多达 21 家。进入 2020 年，国资加速入场，逐渐建立了由国

资主导的环保产业新格局。截至 2020 年年底，全国工商联环境商会《2019 年中国环境企业榜单》前 20 强中，只剩两家民营环保企业无国资入股。同时，龙头企业间加速横向联合，行业龙头影响力不断攀升。

二、相关政策措施

（一）创新金融支持政策，缓解企业融资难现象

2020 年 7 月 15 日，财政部、生态环境部、上海市共同发起设立的国家绿色发展基金股份有限公司（以下简称国家绿色发展基金）在上海正式揭牌运营。基金首期规模达 885 亿元，聚焦长江经济带沿线，重点投资污染治理、生态修复和国土空间绿化、能源资源节约利用、绿色交通和清洁能源等领域，将有助于健全环保产业资金投入渠道。2020 年 9 月 8 日，国家发改委、科技部、工信部、财政部联合印发了《关于扩大战略性新兴产业投资培育壮大新增长点增长极的指导意见》，提出加快节能环保产业试点示范，探索开展环境综合治理托管、生态环境导向的开发（EOD）模式等环境治理模式创新，提升环境治理服务水平，推动环保产业持续发展。

（二）持续出台污水治理政策，协助打好碧水保卫战

继《城镇污水处理提质增效三年行动方案（2019—2021 年）》发布之后，2020 年 7 月 28 日，国家发改委、住房和城乡建设部联合印发了《城镇生活污水处理设施补短板强弱项实施方案》，加快补齐城镇生活污水处理设施建设中的污水处理能力、污水收集管网、污泥无害化处置和资源化利用等短板。2020 年 12 月 14 日，生态环境部发布《关于进一步规范城镇（园区）污水处理环境管理的通知》，明晰各方责任，推动各方履职尽责，规范环境监督，进一步规范污水处理环境管理。2020 年 12 月 9 日，国务院第 117 次常务会议通过《排污许可管理条例》，明确了有关方法律责任，加大了违法成本，捋顺了申请、审批和排污管理各环节规则，有利于规范企业事业单位和其他生产经营者的排污行为。

（三）修订实施新固废法，推动打赢污染防治攻坚战

2020年4月29日，十三届全国人大常委会第十七次会议审议通过了修订后的《中华人民共和国固体废物污染环境防治法》（以下简称新《固废法》），自2020年9月1日起施行。新《固废法》突出问题导向，弥补了生产者责任延伸制度法律地位的缺失，新增了产生工业固废产生者连带责任的规定，将工业固废纳入排污许可制度管理，强调固废综合利用的无害化要求，将有力指引固废管理践行习近平总书记提出的生态文明思想。2020年5月18日，生态环境部发布了《关于宣传贯彻〈中华人民共和国固体废物污染环境防治法〉的通知》，强调要高度重视、广泛宣传、完善配套、强化执法，切实加强组织领导，落实工作责任。

三、典型企业

（一）北控水务集团有限公司

北控水务集团有限公司（以下简称“北控水务”）是北控集团旗下专注水资源循环利用和水生态环境保护事业的旗舰企业，2008年在香港交易所挂牌交易（股票代码0371.HK），总资产达1 000亿元。

1. 主营业务及经营状况

2020年实现营业收入253.61亿港元，同比下降10.0%；实现归属于母公司净利润41.83亿元，同比下降15.1%。其中，污水及再生水处理服务、技术及咨询服务、设备销售业务持续扩张，营业收入分别为62.57、32.55亿港元，同比增速分别达21.7%、26.4%；供水服务板块陷入停滞，营业收入为27.03亿港元，与2019年几乎持平；建造服务收入下滑，营业收入为131.44亿港元，同比下降26.5%。污水及再生水处理服务和供水服务盈利能力较强，毛利率均达50%以上，而建造服务盈利能力较差，毛利率仅30%左右。受运营收入增加和建造服务收入下降影响，2020年公司毛利率提升2.3个百分点至38.4%，收益质量持续提升。

2. 竞争力分析

北控水务具有两大核心竞争力。一是轻资产运营模式。由于拥有大量水厂、水处理设施等，水务传统上属于重资产行业。在提质增效的行

业背景下，北控水务 2019 年提出轻资产转型战略，通过构建投资-技术-建设-运营-采购等有效协同、集团-大区-业务区-项目四级联动的“大运营”管理体系，强化运营管理能力，并主动减少水环境综合治理项目、建造服务的投资，更多地采用 EPCO 等轻资产模式，一年时间轻资产转型初见成效，公司盈利能力获得一定改善。二是强大的技术标准体系。北控水务制定发布了《技术体系白皮书》《水环境技术标准及协同作业指南》《城镇水务项目协同作业指南》等一系列技术标准，打造技术硬实力，推动自身高质量发展。首创水厂分级制度，发布了《城镇污水处理厂分级及评定实施指南》，将城镇污水处理厂产品化、服务化，提高水厂标准化程度，既降低了建造成本，又提升了产品质量，为公司后续发展及持续规模性盈利打下了坚实基础。

（二）北京清新环境技术股份有限公司

北京清新环境技术股份有限公司（以下简称“清新环境”）创建于 2001 年，是一家主业从事大气环境治理，以工业烟气脱硫、脱硝、除尘为先导，集技术研发、项目投资、工程设计、施工建设、运营服务为一体的环保行业龙头公司。清新环境于 2011 年登陆深圳证券交易所（以下简称“深交所”）中小板上市（股票代码 002573.SZ），总资产超 100 亿元。2019 年 7 月引入四川地方国资川发环境，成为国有控股下的混合所有制上市公司。

1. 主营业务及经营状况

清新环境以工业烟气治理为核心，布局拓展节能、资源综合利用、智慧环境等业务板块，致力于全方位打造气、水、固协同发展的全要素平台，积极参与全球环境治理。2020 年以来，清新环境加码资源综合利用与节能事业板块，宣布将投资四川雅安、达州当地的危险废物集中处置项目，并将耗资 8.64 亿元收购 18 个余热发电项目。公司季报显示，2020 年前三季度实现营业收入 19.16 亿元，同比下降 19.68%；归属于母公司净利润为 1.81 亿元，同比下降 43.96%，主要原因是受到全球新冠肺炎疫情蔓延、中美贸易摩擦、国际油价下滑等因素影响。

2. 竞争力分析

清新环境具有两大核心竞争力。一是自主研发实力过硬。清新环境拥有一支涵盖博士后、博士、高级职称在内的技术研发团队，并聘请国内著名高校及研究机构的教授、高工及博士作为技术顾问，技术创新氛围浓厚，形成了具有自主知识产权的高效喷淋技术、高效除尘技术、活性焦干法烟气净化技术等一系列环保节能技术。截至2019年年底，清新空气已授权专利达117项。其中，发明专利26项，实用新型专利85项，PCT专利6项。二是建造运营经验丰富。清新环境是国家首批获得特许经营试点资格的专业环保公司，拥有从30MW到1 000MW机组百余套脱硫、脱硝、除尘装置建设及运营业绩。

（三）瀚蓝环境股份有限公司

瀚蓝环境股份有限公司（以下简称“瀚蓝环境”）成立于1992年，是一家经营固废处理、能源、供水及排水业务的环保公司，处于固废处理行业第一梯队，2019年进入全球新能源企业500强名单。瀚蓝环境于2000年在上海证券交易所（以下简称“上交所”）主板上市（股票代码600323.SH），总资产约250亿元。

1. 主营业务及经营状况

瀚蓝环境的固废处理业务涵盖城市生活垃圾、工业危险废物、农业废弃物，具备从前端收运到后端处理的一体化能力。能源业务包括管道燃气、瓶装气、氢气等供应。供水业务实现全产业链覆盖，可进行取水、制水、输水一条龙服务。排水业务实现全产业链覆盖，可进行生活污水处理和工业污水处理。2020年，瀚蓝环境营业收入74.81亿元，同比增长21.45%；实现归属于母公司的扣非净利润10.20亿元，同比增长17.57%。尽管一季度受新冠肺炎疫情影响产能利用不足、业绩大幅下滑，但由于环保政策趋严，市场环境较好，而且公司业务结构健康，大力度提升运营管理能力，瀚蓝环境后三季度业绩快速恢复，全年取得两位数增长。同时，2020年全年现金流量净额为19.56亿元，同比增加47.68%，财务状况向好。

2. 竞争力分析

瀚蓝环境具有两大核心竞争力。一是运营管理能力。随着生态文明和“美丽中国”建设的深入推进，中央部委和地方政府全面推进环卫工作，环卫市场高速发展，市场化程度加深，产业链上游装备制造企业、下游垃圾处理企业不断入场，大体量优质项目数量减少，竞争更加激烈，对企业管理能力、智慧化程度、资金实力提出了更高的要求。瀚蓝环境践行精细化管理，提升服务质量和效率。例如，与阿里云共同开发垃圾焚烧工艺优化算法来优化垃圾焚烧的稳定性，提高排放的稳定性。二是产业链布局能力。瀚蓝环境在固废处理方面，形成了从源头到终端治理的纵向一体化产业链，同时以垃圾焚烧发电为核心，形成了覆盖餐厨垃圾、污泥、工业危险废物、农业废弃物等污染物的横向协同一体化产业链，大固废纵横一体化格局逐渐成形。

第四节　资源循环利用产业

资源循环利用产业是节能环保产业的重要组成部分，是建设生态文明的重要途径。党的十八大以来，我国把资源综合利用纳入生态文明建设总体布局，不断完善法规政策、强化科技支撑、健全标准规范，推动资源综合利用产业发展壮大，各项工作取得积极进展。

一、2020 年我国资源循环利用产业发展基本情况

我国工业资源循环利用产业总体呈现稳中有进、稳中向好的趋势，产业规模不断壮大。据不完全统计，截至 2019 年年底，我国工业资源综合利用年产值达到 2.5 万亿元，企业超过 13 万家，从业人员超过 1 600 万人。工业固废产生量约为 33.9 亿吨，综合利用量约 19.1 亿吨，综合利用率达 56.4%，企业超过 3 万家，从业人员超过 400 万人。主要再生资源年回收利用量为 3.4 亿吨，产业规模约为 1.3 万亿元，企业 10 万多家，从业人员约 1 200 万人。其中，大宗固废综合利用率达到 55%，比 2015 年提高 5 个百分点，粉煤灰、煤矸石、工业副产石膏的综合利用率分别达到 78%、70%、70%。“十三五”期间，累计综合利用各类大宗固废约 130 亿吨，减少占用土地超过 6 667 公顷，提供了大量资源综合利用产品，促进了煤炭、化工、电力、钢铁、建材等行业的高质量发展，资源环境和经济效益显著，对缓解我国部分原材料紧缺问题、改善生态环境质量发挥了重要作用。

二、相关政策措施

一是推进区域工业资源综合利用产业协同转型升级。为贯彻落实京津冀协同发展战略，工信部于 2020 年 7 月发布了《京津冀及周边地区工业资源综合利用产业协同转型提升计划（2020—2022 年）》，有利于不断提升京津冀及周边地区资源利用效率，培育绿色新动能，推动区域高质量发展。

二是推动再生金属原料的回收利用。我国陆续发布了《再生黄铜原料》（GB/T 38470—2019）、《再生铜原料》（GB/T 38471—2019）、《再生铸造铝合金原料》（GB/T 38472—2019）、《再生钢铁原料》（GB/T 39733—2020）国家标准，对再生黄铜、再生铜、再生铸造铝合金、再生钢铁等原料的进口进行了规范管理，明确提出符合标准再生原料不是固废，可以自由进口，对于推动再生金属产业的高质量发展具有重要意义。

三是规范报废机动车的回收和拆解。2019 年 4 月，国务院发布了《报废机动车回收管理办法》，加强报废机动车回收拆解行业管理。2020 年 7 月，商务部、国家发改委、工信部、公安部、生态环境部、交通运输部、国家市场监督管理总局等部门制定了《报废机动车回收管理办法实施细则》，规范了报废机动车回收拆解活动。

四是推动废旧轮胎综合利用。为引导行业持续健康发展，工信部特对废旧轮胎综合利用行业规范条件及公告管理暂行办法进行了修订，并于 2020 年 5 月公告了《废旧轮胎综合利用行业规范条件（2020 年本）》和《废旧轮胎综合利用行业规范公告管理暂行办法（2020 年本）》。

三、典型企业

（一）宝武集团环境资源科技有限公司

1. 公司概况

宝武集团环境资源科技有限公司（以下简称“宝武环科”）隶属于中国宝武钢铁集团有限公司，是致力于固废资源综合利用和环境保护的第三方治理专业化平台，设有固废资源综合利用专业化子公司 13 家，在全国形成了十大基地布局，具备 5 700 多万吨固废资源综合利用处置规模，2020 年荣获“长三角环保领军企业”称号。

2. 主营业务

宝武环科是一家从事环境保护、治理评价及相关领域技术开发与服务的公司。

3. 竞争力分析

宝武环科认真践行绿色发展理念，以创新、协调、绿色、开放、共享的新发展理念为引领，持续推进生产过程固废源头减量、返生产利用、产品化销售、协同处置，拓宽固废综合利用途径，最大限度地减少固废在社会上的周转量，探索建立“固废不出厂”模式。

源头减量。通过工艺改进、精细化管理等途径，从源头上直接减少固废的产生量。宝钢湛江钢铁股份有限公司通过工艺改进和操作优化，含铬废液产生量由原来的 85 吨/月降至 50 吨/月，宝山钢铁股份有限公司的宝山基地实施全流程冷轧水污染物减排技术，2020 年减少污泥排放 1 653 吨。

返生产利用。固废直接返回钢铁生产工序利用或经处理后返生产利用。通过工艺改进、协同利用（转底炉、焚烧炉等）等多种途径，2019 年实现石灰石泥饼返转炉配料使用，2020 年实现含铁尘泥全部返烧结或高炉利用，固废返生产利用率从 2018 年的 20.8%提高到 2020 年的 26.8%。

产品化销售。利用固废生产符合国家、行业或地方标准的产品，或者完成固废综合利用企业产品化认证后，再对外销售。2019 年完成高炉水渣、钢铁尾渣、粉煤灰、脱硫石膏、氧化铁皮铁红、含铁尘泥、废耐材、煤矸石等大宗固废产品化认证工作，建立了冶金尘泥等一个团体标准——《钢铁冶炼尘泥制铁质矫正料》（T/CECS 10079—2019），并于 2020 年 6 月正式实施。固废产品化率从 2016 年的 78%稳步提升，至 2020 年已实现 100%产品标准全覆盖。

协同处置。利用钢铁企业冶金窑炉、转底炉、焚烧炉等专用设施，或者进入公辅系统对固废进行无害化处置。将乳化液返电厂掺烧，含铬废液入转底炉消纳，除尘布袋、含油滤布、保温棉等废弃物利用入转炉协同处置等，每年减少固废排放近 2 万吨。

通过“固废不出厂”相关工作的推进，宝武环科的固废不出厂率由原来的77.8%提升至近100%，其中宝山钢铁股份有限公司的东山基地已率先实现100%。宝武环科的将持续深化有关工作，巩固成果，持续改进，逐步形成“固废不出厂”长效机制。

（二）北京金隅集团股份有限公司

1. 公司概况

北京金隅集团股份有限公司（以下简称“金隅集团”）依托睿索研究院深入推进京津冀地区尾矿等工业固废综合利用，始终坚持以创新引领绿色高质量发展为理念，致力于服务首都功能定位和京津冀协同发展，努力为社会和客户创造最大价值，为新型建材、绿色环保建材的可持续发展贡献力量。

2. 主营业务

金隅集团主营业务范围如下：水泥生产及销售、建材制造业生产及销售、建筑装饰业、商贸物流、旅游服务、房地产开发、物业投资及管理等。2020年，金隅集团营业收入1 080.05亿元，同比增长18%，其中主营业务收入1 073.34亿元；利润总额为77.94亿元，同比减少2%；净利润为51.56亿元，同比基本持平，归属于母公司净利润为28.44亿元，同比减少23%。其中，水泥板块实现主营业务收入420.87亿元，同比增长2%;新型建材与商贸物流板块实现主营业务收入329.46亿元，同比增长24%；房地产板块实现主营业务收入313.14亿元，同比增加41.01%，物业投资及管理板块实现主营业务收入47.78亿元，同比减少5%。

2020年金隅集团水泥及熟料综合销量10 733万吨（不含合营联营公司），同比增长11%，其中水泥销量9 508万吨，熟料销量1 225万吨。混凝土总销量1 615万立方米，同比减少8%。

3. 竞争力分析

金隅集团深入践行“绿水青山就是金山银山”的发展理念，认真贯彻落实国家关于生态文明建设的决策部署，突出绿色发展底色，高水平服务北京“四个中心”建设，把加强环境保护作为企业转变发展方式、增创效益、履行社会责任的重要手段，努力克服严峻复杂的经济形势和国家产业政策调控的深刻影响，扎实推进公司环保工作，坚持以高标准管理促进公司高质量发展。2020 年，金隅集团荣获“中国绿色创新十大影响力品牌”称号。

金隅集团倡导技术创新和成果推广应用，加快布局水泥窑协同处置工业固废和生活垃圾方面的项目建设，充分发挥水泥行业优势，在节能减排方面不断做出更大的贡献，成为名副其实的“城市净化器，政府好帮手”。2020 年公司环保产业实现 17.67 亿元的营业收入，同比增长 11%。截至 2020 年年底，金隅集团已有 37 家企业开展了固废处置业务，其中危废处置企业 14 家，年处置能力 64.63 万吨；生活污泥处置企业 15 家，年处置能力 108.52 万吨；生活垃圾处置企业 6 家，年处置能力 80.42 万吨；污染土处置企业 2 家，年处置能力 19.38 万吨。新取得水泥窑协同处置项目环评批复的企业 7 家，总处置规模达 130.05 万吨/年，其中危废环评规模达 73.1 万吨/年，新增环评数量及处置能力均取得历史性突破。环保项目辐射京津冀、山西、陕西、东北等地区，服务客户数量超过 9 000 家。

通过稳定运行控制，金隅集团污染物排放水平优于国家规定的排放控制要求。京津冀、汾渭平原等重点区域企业污染物排放浓度明显低于国家规定的特别排放限值。2020 年实施节能技改项目 84 项，涉及金额 16 852.43 万元。公司不断践行京津冀协同发展战略，并致力于服务雄安新区“无废城市”建设。2020 年重点开展了雄安新区唐河污水库及铝灰钢渣项目固废的协同处置工作，通过统筹区域内多家水泥协同处置企业，形成服务合力，年内共计处置各类固废达 20 多万吨。项目实施期间获得雄安集团生态公司“投资建设进度流动红旗”称号，进一步夯实了金隅集团环保服务雄安新区生态建设的基础。

大力推广清洁生产。2020 年，金隅集团完成了多轮清洁生产审核和验收。下属子公司通过实施清洁生产方案，均达到了“节能、降耗、减污、增效”的目的，工业生产实现经济效益、社会效益和环境效益的有机统一。金隅集团积极开展绿色工厂建设，2020 年有 19 家下属企业申报了工信部第五批绿色工厂，其中 14 家通过了省级评定，6 家成功入选第五批国家级绿色工厂名录。截至 2020 年年底，共有 16 家水泥企业成功冠名“国家级绿色工厂”名称。

积极推动绿色矿山创建。金隅集团始终响应国家创建绿色矿山的要求，部署所属矿山企业结合实际情况，编制企业绿色矿山建设实施方案，实施“一矿一策”，结合矿山实际情况全面推进绿色矿山的创建。截至2020年，已经有24个矿山纳入国家级绿色矿山库，16个矿山为省级绿色矿山。2020年，根据国家自然资源部发布的《关于做好2020年度绿色矿山遴选工作的通知》要求，金隅集团积极推动各单位开展绿色矿山遴选入库工作，共8家企业通过国家级绿色矿山遴选工作。

重点行业篇

第四章

2020 年钢铁行业节能减排进展

钢铁行业是我国基础产业，也是资源能源消耗密集型产业，能源消耗接近工业能耗总量的 20%，因此是工业节能减排的重要领域。近年来，在国家实施一系列稳增长措施的推动下，全行业以习近平总书记的生态文明建设思想为指引，发挥优势、挖掘潜能，推进钢铁制造全过程、全产业链的绿色革命，钢铁产量和需求均保持一定程度的增长，经济效益处于合理水平，钢铁行业整体呈现较好的发展态势。

第一节　总体情况

一、行业发展情况

（一）钢铁产量持续上涨增长

根据国家统计局数据，2020 年粗钢产量 10.65 亿吨，比 2019 年同期增长 7.0%，增幅下降 1.4 个百分点。2020 年生铁、钢材产量分别为 8.88 亿吨和 13.25 亿吨，同比分别增长 4.3%和 10.0%。2020 年黑色金属冶炼和压延加工业工业增加值比 2019 年增长 6.7%，位居规模以上工业全行业第三位，对我国经济恢复起到强力拉动作用。钢材价格小幅下降。据中国钢铁工业协会数据，2020 年中国钢材综合价格指数平均为 105.6 点，同比下降 2.2%。受新冠肺炎疫情影响，全年钢材价格呈先下降后上升趋势，1—8 月钢材价格同比低于 2019 年，自 5 月起呈逐月回升走势，进入四季度后环比升幅加大，升至年内最高水平。2020 年 12

月末中国钢材综合价格指数为 124.5 点，同比增长 17.4%。

（二）钢铁行业效益总体下降，但呈逐步回升趋势

根据国家统计局数据，2020 年 1—5 月黑色金属冶炼和压延加工业利润总额同比下降 57.2%，6—12 月单月利润总额实现同比正增长，全年利润总额 2 464.6 亿元，同比下降 7.5%。钢铁行业整体利润率 3.4%，低于全国规模以上工业企业利润增长率 4.1%。重点企业率先恢复生产经营，全年效益为正。根据中国钢铁工业协会数据，2020 年 1—12 月重点统计企业利润总额 2 074 亿元，同比增长 6.6%。

（三）钢材进口量大幅增长

根据海关总署数据，2020 年我国进口钢材 2 023 万吨，同比增长 64.4%；金额为 1 165 亿元，同比增长 19.8%；均价 5 758 元/吨，同比下降 27.1%。全年出口钢材 5 367 万吨，同比下降 16.5%；金额为 3 151 亿元，同比下降 14.8%；均价 5 871 元/吨，同比提升 2.0%。全年我国累计净出口钢材 3 343.8 万吨。其中，板材是我国钢材进出口的主力品种，全年出口量为 3 272 万吨，同比下降 15.0%；全年进口量为 1 608 万吨，同比增加 55.8%，净出口 1 664 万吨。受新冠肺炎疫情影响，海外市场钢铁需求较弱，钢材价格下行，而我国经济率先恢复，钢铁需求强劲、价格高位运营，导致海外资源大量出口中国市场。

（四）铁矿石高度依赖海外供给，铁矿石价格创新高

根据海关总署数据，2020 年全国累计进口铁矿石 11.7 亿吨，同比增长 9.5%；平均价格为 101.7 美元/吨，同比增长 7.2%。自 2020 年四季度以来，铁矿石价格大幅上涨。据中国钢铁工业协会监测，我国铁矿石价格指数（CIOPI）进口矿价格在 2020 年年末达到 171.92 美元/吨，创 2013 年以来的历史新高。与 2020 年年初的 79.53 美元/吨相比，铁矿石进口价格一年内涨幅达 116%。与铁矿石相比，钢材价格涨幅显著偏低。2020 年 12 月，我中国钢材价格指数（CSPI）为 124.52 点，同比仅上升 17.36%。2020 年我国铁矿石对外依存度依旧高达 80%以上，我国钢铁行业不完全掌握市场定价权，导致行业效益偏低。

二、行业节能减排主要特点

（一）持续防范过剩产能

我国提前两年完成“十三五”钢铁行业1.5亿吨去产能目标，基本出清“僵尸”企业，彻底清除了“地条钢”，无效、低效产能逐步退出。但钢铁行业防范过剩产能的压力依然存在，需要全面巩固去产能成果。2020年，钢铁行业加速推进新一轮去产能工作，加大工作力度，由全面去产能转向重点地区去产能。2020年1月，国家发改委、工信部联合发布了《关于完善钢铁产能置换和项目备案工作的通知》，暂停钢铁项目备案和产能置换。2020年，工信部启动了《钢铁行业产能置换实施办法》修订工作，已于2021年6月起正式实施。新版置换办法进一步提高了产能置换比例要求，重点解决由于技术进步、生产效率提升带来的产能降低但产量增加问题。2020年6月，国家发改委、工信部等部门联合发布了《关于做好2020年重点领域化解过剩产能工作的通知》，要求2020年全面完成“去产能”目标任务，防范“地条钢”死灰复燃和已化解过剩产能复产，严禁新增产能。

（二）主要能耗指标持续下降

1. 综合能耗指标同比下降

据中国钢铁工业协会统计，2020年，统计的会员钢铁生产企业能源消费总量为3.95亿吨标准煤，同比下降2%；吨钢综合能耗为545.27kgce，同比下降1.18%；吨钢可比能耗为484.99kgce，同比下降1.34%；吨钢电耗为456.92千瓦·时/吨，同比下降0.10%。据中国钢铁工业协会分析，铁钢比下降是吨钢综合能耗下降的重要原因。2020年铁钢比为0.8429，同比下降0.0072。

2. 主要工序能耗指标呈下降趋势

2020年，统计的会员生产企业烧结工序、焦化工序、炼铁工序、转炉炼钢工序、电炉炼钢工序等主要工序能耗呈下降趋势，同比下降幅度分别为0.26kgce/t、2.25kgce/t、2.79kgce/t、1.35kgce/t、0.18kgce/t。而球团工序和钢加工工序能耗略有上升，同比上升幅度分别为0.43kgce/t和0.49kgce/t。

3. 钢加工工序绝大部分能耗下降

2020 年钢加工工序中热轧工序能耗比 2019 年下降 0.49kgce/t，冷轧工序能耗比 2019 年增加 2.40kgce/t。在热轧工序中，大型材轧机、中型材轧机、小型轧机、线材轧机、热轧窄带钢轧机、热轧无缝管轧机等工序能耗较 2019 年降低，分别下降 2.54kgce/t、3.17kgce/t、2.97kgce/t、2.54kgce/t、4.18kgce/t、11.39kgce/t。热轧宽带钢轧机工序能耗与 2019 年持平。而中厚板轧机工序能耗较 2019 年大幅增加，上升幅度为 6.78kgce/t。在冷轧工序中，冷轧宽带钢轧机工序能耗比 2019 年上升 1.84kgce/t，镀层工序能耗比 2019 年下降 1.73kgce/t，涂层工序能耗比 2019 年下降 2.33kgce/t。

（三）主要污染物排放量持续下降

2020 年，统计的中国钢铁工业协会会员企业外排废水总量比 2019 年减少 3.85%。外排废水中，化学需氧量排放量比 2019 年减少 10.11%，氨氮排放量比 2019 年减少 24.09%，挥发酚排放量比 2019 年减少 44.42%，悬浮物排放量比 2019 年减少 12.92%，石油类排放量比 2019 年减少 6.78%。

2020 年，统计的中国钢铁工业协会会员企业废气排放总量比 2019 年增长 5.41%。外排废气中，二氧化硫排放总量比 2019 年减少 14.38%，烟尘排放总量比 2019 年减少 17.68%，粉尘排放量比 2019 年减少 10.54%，吨钢二氧化硫排放量比 2019 年下降 18.11%，吨钢烟粉尘排放量比 2019 年下降 17.06%，吨钢氮氧化物排放量比上年下降 17.31%。

（四）水资源利用效率进一步提高

钢铁行业吨钢新水消耗进一步降低，水重复利用率继续保持高位运行。2020 年，统计的中国钢铁工业协会会员企业用水总量为 886.31 亿立方米，同比增长 3.05%。水重复利用率 98.02%，同比提高 0.05 个百分点，吨钢耗新水 2.45 立方米/吨，同比下降 4.34%。

2016—2020 年重点统计钢铁企业用水量变化情况如表 4-1 所示。

表 4-1　2016—2020 年重点统计钢铁企业用水量变化情况

指　标	年　份				
	2016	2017	2018	2019	2020
吨钢耗新水/（m^3/t）	3.05	2.87	2.75	2.56	2.45
水重复利用率/%	97.77	97.79	97.88	97.97	98.02

数据来源：中国钢铁工业协会。

（五）资源综合利用水平进一步提高

2020 年，统计的中国钢铁工业协会会员企业固废综合利用和可燃气体利用继续保持较高水平。其中，钢渣、含铁尘泥利用率比 2019 年分别提高 0.98、0.66 个百分点。高炉渣、高炉煤气、焦炉煤气和转炉煤气利用率略有提高，均长期保持在 98%以上。

2016—2020 年重点统计钢铁企业资源化利用情况如表 4-2 所示。

表 4-2　2016—2020 年重点统计钢铁企业资源化利用情况

资源化利用	年　份				
	2016	2017	2018	2019	2020
钢渣利用率/%	97.62	96.48	97.92	98.11	99.09
高炉渣利用率/%	98.29	97.86	98.1	98.83	98.90
含铁尘泥利用率/%	99.45	99.8	99.65	99.12	99.78
高炉煤气利用率/%	98.32	98.34	98.55	98.02	98.03
转炉煤气利用率/%	97.73	98.19	98.67	98.26	98.33
焦炉煤气利用率/%	98.58	98.77	98.97	98.45	98.53

数据来源：中国钢铁工业协会。

第二节　典型企业节能减排动态

一、宝山钢铁股份有限公司

（一）公司概况

宝山钢铁股份有限公司（以下简称“宝钢股份”）位于上海市宝山

区，2000 年成立，是上交所上市公司，隶属于中国宝武钢铁集团有限公司，主要生产基地有上海宝山、武汉青山、湛江东山、南京梅山等，是全球碳钢品种最为齐全的、领先的现代化钢铁联合企业之一，实际控制人为国务院国有资产监督管理委员会。宝钢股份的主业为生产高技术含量、高附加值的钢铁，产品下游包括汽车、家电、石油化工、机械制造、能源交通等行业企业，已形成汽车用钢、电工钢、能源与管线用钢、高等级薄板、镀锡板、长材六大战略产品。宝钢股份坚持自主研发，每年的研发经费约为营业收入的 3%～4%，在 2019 年第二十三届全国发明展上获得 19 项金奖、17 项银奖、38 项铜奖的好成绩，汽车高强钢、电工钢等多种新一代高端产品处于国际先进水平。

（二）主要亮点工作

宝钢股份坚持新发展理念，基于全生命周期理论在生产管理中贯彻落实绿色制造，不断降低资源、能源消耗，是国内首批获得“国家环境友好企业”、中国钢铁行业“清洁生产环境友好企业”、中国企业家协会“中国绿色公司”标杆等称号的企业，是生态环境部第十届中华环境奖唯一入选的企业单位。

宝钢股份主动应对气候变化，积极参与碳排放交易试点交易，制定《宝钢股份碳资产管理办法》，打好碳成本核算数据基础，2019 年率先完成了碳排放配额履约清缴工作。

宝钢股份坚持“固废不出厂”，资源综合利用率高于 99%，并发挥钢铁厂固废消纳潜力，通过转炉废旧油漆桶焚烧项目年处置外部社会油漆桶约 7 800 吨，通过焚烧炉协同年处置社会焚烧型危险废物约 3 000 吨。在炼铁、炼钢、轧钢、能源公辅各领域，全面、全流程应用行业可获得的、最好的节能技术及部分先进的新技术，持续降低吨钢综合能耗，大幅提高余能回收能量，较大幅度减少吨钢耗新水量。

二、河钢股份有限公司

（一）公司概况

河钢股份有限公司（以下简称“河钢股份”）是由原唐山钢铁股份

有限公司、邯郸钢铁集团有限公司和承德新新钒钛股份有限公司三家公司合并组建的特大型钢铁企业，第一大股东为邯郸钢铁集团有限公司，实际控制人为河北省国有资产监督管理委员会。河钢股份的产品主要有板材、棒材、线材、型材四大类。近年来，河钢股份加快结构调整和转型升级，坚持走产业升级和产品质量高端路线，客户、产品优化逐渐取得成效，汽车板、家电板、管线钢、核电用钢及高强抗震建材已达国际先进水平，客户结构更加高端。

（二）主要亮点工作

河钢股份秉持“为人类文明制造绿色钢铁”的理念，着力打造“低资源消耗、环保型生产、低成本制造”的绿色钢铁循环经济产业链，以绿色制造为发力点，推进全流程技术研发和创新，在焦化、烧结、炼铁、炼钢工序实施节能减排改造，能耗、水耗、污染物排放水平不断下降，低于行业平均水平。2020 年，在“全国重点大型耗能钢铁生产设备节能降耗对标竞赛”中，河钢股份有限公司 1 座高炉、转炉及烧结机分别荣获“全国优胜炉”“全国创先炉”称号。目前，唐山分公司、邯郸分公司分别于 2017 年、2018 年获得国家绿色工厂荣誉称号。河钢股份有限公司绿色技术研发成果丰富，共同参与的《高品质特殊钢绿色高效电渣重熔关键技术的开发和应用》项目荣获 2019 年度国家科学技术进步奖一等奖。

第五章

2020 年石油和化工行业节能减排进展

石油和化工（以下简称“石化”）行业囊括了许多细分生产部门，如农药行业、化肥行业、橡胶助剂行业、合成材料行业等，是我国的主要支柱产业之一，在国民经济发展中发挥着重要作用。但石化行业是我国高污染产业之一，国家绿色政策引导对于促进石化产业持续健康发展具有重要意义。

第一节　总体情况

一、行业发展情况

2020 年，新冠肺炎疫情突发，在党中央的坚强领导下，石化行业经济运行很快终止了下滑，呈现逐步恢复态势。2020 年，石化行业增加值在三季度实现增长后，增速逐步加快，全年规模以上企业工业增加值同比增长 2.2%，其中，化学工业增加值增长 3.6%，炼油业增加值增长 1.1%，石油和天然气开采业增加值下降 3.3%。

（一）主要产品产量持续上升

2020 年，原油产量同比上升 1.6%，约 1.95 亿吨，连续两年同比上升；天然气产量同比上升 9.8%，约 1 925 亿立方米，连续 4 年增量达到 100 亿立方米以上；原油加工量同比上升 3.0%，约 6.74 亿吨；主要化学品总产量同比上升 3.6%。具体看，乙烯产量同比上升 4.9%，烧碱产量同比上升 5.7%，纯苯产量同比上升 8.6%，精甲醇产量同比上升 4.7%，合成树脂及共聚物产量同比上升 7.0%，合成纤维单体产量同比上升 8.6%，氮肥（折纯）产量同比上升 2.7%，轮胎产量同比上升 1.7%。2005—2020 年我国乙烯产品年产量如图 5-1 所示。

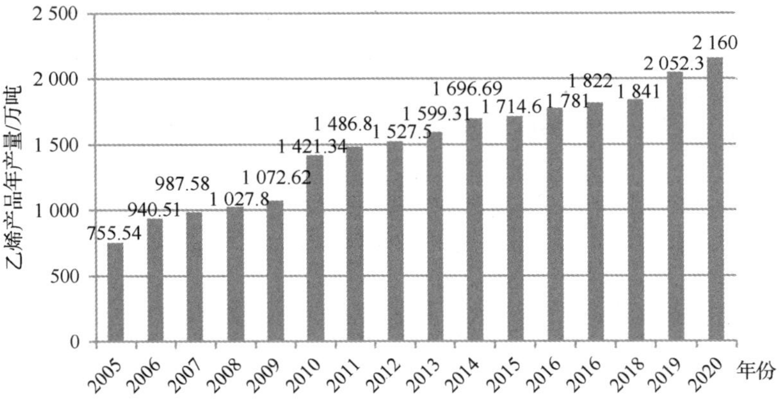

图 5-1　2005—2020 年我国乙烯产品年产量

数据来源：国家统计局。

（二）经济数据下降，分化愈加明显

2020 年，石化行业营业收入、利润总额及进出口总额同比分别下降 8.7、13.5、12.8 个百分点，这 3 个主要指标同时大幅下降实为石化行业历史罕见。各板块分化明显，从营业收入看，油气、炼油板块同比下降 17.6%和 15.5%，降幅大于行业平均值；化工板块同比下降 3.6%，降幅小于行业平均值。从利润看，油气、炼油板块同比分别下降 82.3%和 45.6%，降幅远大于行业平均值；化工板块利润最好，同比增长 25.4%。从子行业看，基础化工产品全年营业收入和利润均有所下降，分别下降 5.2%、2.6%；农药和专用化学品全年营业收入和利润均有所增长，其中农药的全年营业收入和利润分别增长 6.1%、0.5%，专用化学品的全年营业收入和利润分别增长 1.6%、13.4%；合成材料和橡胶制品全年营业收入和利润“有降有升”，其中合成材料的全年营业收入和利润分别增长-6.7%、5%，橡胶制品的全年营业收入和利润分别增长-0.8%、39.6%。

二、行业节能减排主要特点

我国石化行业规模虽已然达国际领先水平，但高物耗、高能耗问题依然严峻，绿色发展的结构性、根源性、趋势性压力总体尚未根本解决。依靠技术层面的创新和政策层面的引导，是促进石化行业绿色转型的重要手段。

（一）绿色工艺技术装备加快推广

2020 年，为促进先进绿色工艺技术在石化行业的推广应用，进一步发挥绿色工艺技术对行业的引导作用，中国石油和化学工业联合会印发了《石化绿色工艺名录（2020 年版）》，列出了 30 项工艺名录，包括半水-二水法/半水法湿法磷酸工艺、酰胺类除草剂甲叉法生产工艺/咪唑啉酮类除草剂酯法生产工艺、吡啶双定向氯化合成法三氯吡啶酚钠（三氯吡啶醇钠）工艺、环合无磷氯化制 2-氯-5-氯甲基吡啶/吗啉丙醛法 2-氯-5-氯甲基吡啶工艺 、直接氧化法环氧丙烷/共氧化法环氧丙烷工艺、甘油法环氧氯丙烷工艺、干法脱氯化氢法生产氯化苯/对二氯苯/1,2,4-三氯苯工艺、苯定向氯化-吸附分离生产间二氯苯/2,4-二氯苯乙酮工艺、异丁烯/叔丁醇氧化法甲基烯丙醇/甲基丙烯酸甲酯生产工艺、环己酮肟气相重排生产己内酰胺工艺等。

（二）绿色化成为化工园区建设重点

2020 年，中国石油和化学工业联合会化工园区工作委员会发布了《化工园区“十四五”规划指南及 2035 中长期发展展望（征求意见稿）》，提出制定并完善适应绿色发展要求的化工园区评价体系，培育一批绿色园区，规划到 2025 年，创建 50 家绿色化工园区，全面承诺践行责任关怀的重点化工园区超过百家，重点石化基地和化工园区成为“天蓝、水清、草绿”的生态优美产业集聚区。化工园区在项目引进方面，除了项目质量、投入产出强度等方面的刚性要求，还有绿色发展指标，这方面的要求主要体现在三个方面：一是请相关专家科学评价绿色准入门槛，符合绿色指标入门门槛要求的，园区给予优先优惠条件；二是运用清洁能源，增加可再生能源和再生电力在园区能源消耗中占的比重，鼓励利用可再生资源；三是采用低碳技术，为未来的低碳技术壁垒提前储备技术。

（三）绿色制造体系逐步完善

2020 年，中国石油和化学工业联合会认定中国石油化工股份有限公司北京燕山分公司、中国石化北海炼化有限责任公司、新疆巴州塔里木能源有限责任公司、中韩（武汉）石油化工有限公司等 45 家企业为 2020 年度石油和化工行业绿色工厂，青岛双星轮胎工业有限公司、双钱集团（江苏）轮胎有限公司等 31 家企业申报的轿车子午线轮胎 DH08 夏季轮胎等 158 种产品为 2020 年度石油和化工行业绿色产品，风神轮胎股份有限公司、青岛双星轮胎工业有限公司 2 家企业为行业绿色供应链管理企业。另外，2020 年工信部发布的国家绿色制造名单中，天津渤海石化有限公司、河北彩客化学股份有限公司、沧州信联化工有限公司等被纳入国家绿色工厂名录，湖北枝江经济开发区姚家港化工园等被纳入国家绿色园区名录，浙江传化化学品有限公司等被纳入国家绿色供应链名录。

（四）部分企业启动碳达峰、碳中和研究

2020 年，中国石油化工集团公司（以下简称“中国石化”）与国家发改委能源研究所、清华大学低碳能源实验室与国家应对气候变化战略研究和国际合作中心分别签订了战略合作意向书，共同研究提出中中石化率先引领能源化工行业实现碳达峰和碳中和的战略路径。中国石化将从全局及战略的高度抓好低碳和绿色发展，向“净零”排放目标靠近，这既是能源化工行业的重大责任，也是能源化工行业的深刻革命。国内龙头企业战略方向的调整反映出国内低碳石化发展势在必行。

第二节　典型企业节能减排动态

一、湖北兴发化工集团股份有限公司

（一）公司概况

湖北兴发化工集团股份有限公司（以下简称“兴发集团”）地处湖

北兴山，是一家拥有 39 家全资或控股子公司的上市公司，主要产品包括磷化工系列产品和精细化工产品。多年来，兴发集团深入推进绿色发展，先后被认定为“十二五节能先进单位”“全国资源节约型和环境友好型两型示范企业”“国家级绿色工厂”等荣誉称号，逐步形成了“电矿为基础、化工为支柱、科工贸相结合”的发展格局。

（二）主要做法与经验

1. 不断推进节能降耗

通过不断优化工艺，逐步实现节能降耗。优化和创新现有的黄磷淬渣工艺、污水分离工艺及磷泥处理工艺，开发先进的黄磷淬渣和污水分离磷泥处理工艺，以减少能源消耗，降低渣气中氟化物和硫化物的排放，实现污水的全部循环回用，提高废水利用水平和黄磷清洁生产水平。采用低硫煤或焦炭替代高硫白煤，从源头减少污染物排放。优化现有黄磷生产工艺，降低黄磷单耗，以确保在同行业的领跑地位，黄磷生产能耗为 2.42 吨标准煤/吨磷，连续多年被评为“能效领跑者标杆企业(黄磷)”。优化和革新设备，降低物耗和能耗。倡导智能制造理念，推广先进智能化技术设备及系统，打造智能工厂。优化和革新现有产品工艺和设备，计划采用板式蒸发器替换有机磷阻燃剂项目蒸发工段的陶瓷蒸发器，预计可减少蒸汽用量 60%以上。采用余热利用和废水回收利用节能节水，开发和引进先进余热利用技术，优化现有磷酸余热利用技术和六偏聚合尾气余热利用技术，提高余热利用效率，借鉴其他行业开发黄磷生产高温炉渣余热利用技术。优化现有全膜法处理含单质磷废水技术，提高废水处理能力，研究高浓度含磷废水中的磷回收技术。

2. 加强环境治理

加大投入，改造现有环保设施，通过综合技术改造污水处理站、生产装置，提高废水循环使用率，每天可减少取水 1 000 多立方米；深度净化生产废气，降低污染物排放；开发和示范黄磷尾气净化技术和黄磷尾气生产 C1 化学品技术，提高尾气利用价值。优化工艺，降低污染物排放，开发黄磷尾气中的有机硫脱除技术，优化黄磷尾气脱硫技术。建立统一高效的应急救援联动系统，以物联网为基础，及时启动各种突发事件应急响应机制，降低和减少突发事件带来的环境不良影响。

3．实施资源综合利用

利用有机磷水处理剂、有机磷阻燃剂和有机磷萃取剂等生产高附加值有机磷产品，逐步淘汰工业级磷酸盐产品。按照资源化、减量化和再利用的要求，对副产物进行综合利用，对生产过程中产生的固废、废气、废水和废热进行综合利用，固废综合利用率达到 100%，废气综合利用率达到 100%，工业废水循环利用率达到 100%。优化和创新污水分离工艺及磷泥处理工艺，使磷泥中黄磷的回收率达到 99%以上。优化黄磷尾气脱硫技术，减少尾气中的硫含量，并对脱出的硫外卖至硫酸生产企业。

二、施可丰化工股份有限公司

（一）公司概况

施可丰化工股份有限公司（以下简称“施可丰公司”）于 2001 年成立，位于山东省临沂市经济开发区，年产稳定性长效缓释肥、同步营养肥、高浓度通用型复合肥料、异粒变速控释肥、硫酸钾型复合肥料及各种专用肥料约 300 万吨，是国内最大的稳定性肥料生产制造商之一，年产销量在全国同行业排名第四位。施可丰化工股份有限公司多年来专注绿色发展，取得了显著成效。

（二）主要做法与经验

1．持续推进能耗物耗提升

大力开展技改工作，施可丰公司先后开展硫酸车间冷却塔轴流风扇增设变频等一系列技改，2018 年单位产品综合能耗达到 17.95kgce/t，2019 年单位产品综合能耗达到 16.84kgce/t，单位产品生产能耗达到行业标准《复混肥料（复合肥料）单位产品能源消耗限额及计算方法》（HG/T 5047—2016）中的能耗先进值。进一步提升清洁能源使用，下一步将优化用能结构，充分利用太阳能、风能等资源，降低传统能源消耗，力求可再生能源的使用占建筑总能耗的比例超过 10%，在保证工厂发展和产品质量的前提下，最大限度地采用节水器具设备，力争节水率提高到 20%以上。

2. 开发绿色产品

施可丰公司与中国科学院沈阳应用生态研究所合作研发的“长效缓释复合肥”具有长效、缓释、节能、环保的特点，是今后化学肥料的发展方向，施可丰公司的缓释肥工艺采用先进包膜技术，对肥料颗粒采取包膜处理，使产品具有缓控释功能，从而有效控制氮元素的流失，提高肥料利用率，控释肥肥料利用率可以达到 43.5%～60%，可促使氮素当季利用率提高 10%～40%，而且包膜材料在土壤中可以降解，不产生二次污染。

3. 加强绿色管理水平

施可丰公司严格按照国家标准组织生产，检测手段规范，通过了 ISO 9001 质量管理体系、OHSAS 18001 职业健康管理体系、ISO 14001 环境管理体系和 ISO 50001 能源管理体系认证，完善的管理体系为优质肥料的生产提供了可靠保障，也为绿色发展筑牢了基础。建立能源管理中心，施可丰公司充分利用原有政府信息化平台，共享供电、供水、燃气、供暖等系统的能源供应，利用数据信息，实现对能源安全、合理、高效的管控，最终建立完善的能源管理体系。

4. 构建绿色供应链

施可丰公司对能源、原材料等的采购均制定了相应的采购管理制度，原材料在采购前会进行充分比较，通过对供方进行调查、评审、建立质量档案等措施，确定合格供应商名单，构建绿色供应链，后续对供应链各个相关环节进行组织策划和绿色管控，并计划持续改善整个供应链系统。

第六章

2020 年有色金属行业节能减排进展

有色金属行业是我国重要的基础原材料产业，支撑着各行各业的高质量发展。2002 年，我国十种有色金属产量超越美国，成为世界第一大有色金属生产国，至今我国有色金属产量已连续 19 年位居世界第一。近年来，我国有色金属工业规模不断扩大，产业结构不断优化，质量水平不断提高，国际化经营能力不断增强，实现了较快的发展。

第一节　总体情况

一、行业发展情况

2020 年有色金属行业全年运行情况呈先下降后回升态势。年初受新冠肺炎疫情影响，国际国内市场需求低迷。据中国有色金属工业协会统计，2020 年一季度各项生产指标普遍下跌，新订单量、生产量、原料采购量、原料购入单价、单位产品售价、从业人数、企业资金周转、企业盈利水平、下游产业需求、企业经营环境 10 个即期指数分别下跌 8.7、7.7、7.6、1.6、2.3、0.9、7.0、9.1、7.0、7.7 个百分点，全部低于临界值 50。企业信心指数跌至 44.8，环比下降 4.0 个百分点，处于“十三五”期间最低点。随着国内疫情得到有效控制、复工复产持续推进，企业预期好转，对市场信心逐渐恢复，2020 年二季度、三季度、四季度企业信心指数分别为 49.1、50.1、50.1，连续两季度高于临界值。从全年来看，有色金属行业生产运行总体平稳。

（一）产量稳中有升

2020 年我国有色金属行业主要产品产量继续保持平稳增长，十种有色金属总产量为 6 188.4 万吨，同比增长 5.5%，涨幅提高 2 个百分点。其中，精炼铜产量为 1 002 万吨，同比增长 2.5%；原铝产量 3 078 万吨，同比增长 5.6%；铅产量 644 万吨，同比增长 9.4%；锌产量 643 万吨，同比增长 2.7%。镍产量 27 万吨，同比增长 11.3%；锡产量 20 万吨，同比增长 11.8%；锑产量 24 万吨，同比下降 1.9%；镁产量 86 万吨，同比增长 0.5%；海绵钛产量 14 万吨，同比增长 39.1%；汞产量 1 993 吨，同比下降 2.6%。加工材产量继续增长。据国家统计局数据，2020 年 1—12 月，铜加工材产量 2 045.5 万吨，同比增长 0.9%；铝材产量 5 779.3 万吨，同比增长 8.6%。黄金产量有所下降。据中国黄金协会统计数据显示，2020 年，国内原料黄金产量为 365.34 吨，同比减产 14.88 吨，同比下降 3.91%。“十三五”期间十种有色金属总产量变化如图 6-1 所示。

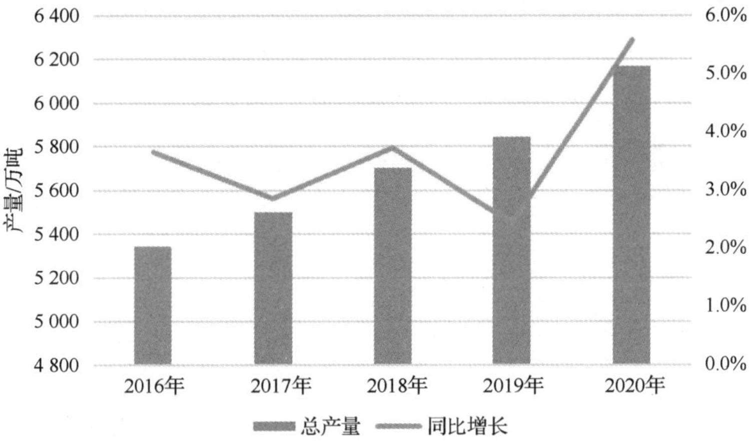

图 6-1　“十三五”期间十种有色金属总产量变化

数据来源：国家统计局。

（二）行业效益好转

2020 年有色金属主要品种价格持续向好。据中国有色金属工业协会数据显示，2020 年，铜、铝、铅、锌现货平均价格分别为 48 752 元/

吨、14 193元/吨、14 770元/吨、18 496元/吨。其中，铜、铝现货平均价格同比分别上涨2.1%、1.7%；铅、锌现货平均价格同比分别下跌11.3%、9.7%，跌幅分别收窄1.7、3.8个百分点。有色金属工业企业主要财务指标较好。规模以上有色金属工业企业（包括独立黄金企业）营业收入58 266.5亿元，同比增长3.8%，增速高于工业平均值1.2个百分点；利润总额1 833.2亿元，同比增长19.2%，增速高于工业平均值15.1个百分点。其中，规模以上铜企业实现利润408.4亿元，同比增长7.7%，拉动规模以上有色金属企业利润增长1.9个百分点；铝企业实现利润628.9亿元，同比增长53.0%，拉动规模以上有色金属企业利润增长14.2个百分点；黄金企业实现利润221.6亿元，同比增长62.5%，拉动规模以上有色金属企业利润增长5.5个百分点。

（三）固定资产投资稳中趋降

“十三五”期间，有色金属工业固定资产投资年均下降2.6%，其中2020年同比下降1.0%，降幅有所收窄。其中矿山采选完成固定资产投资同比下降4.0%；冶炼和压延加工完成固定资产投资同比下降0.4%。固定资产投资下降主要受产能饱和新建项目减少、技术进步单位产能投资减少、国内企业出海、领域内新类型项目未计入统计数据等因素的影响。

（四）进出口贸易总额同比增加，进出口形势分化

2020年，有色金属进出口贸易总额1 427亿美元，同比增长7.7%，其中，进口额1 167亿美元，同比增长12.1%，出口额260亿美元，同比下降8.3%，净进口额进一步加大。受海外新冠肺炎疫情持续蔓延、海外供给走高等影响，部分产品价格出现外高内低的特点，有利于刺激进口。例如，氧化铝、未锻轧铝进口量分别为381万吨、230万吨，同比增长131.3%、689.0%。

二、行业节能减排主要特点

2020年我国铝液交流电耗13 186千瓦·时/吨，较2015年下降1.2%，“领跑者”山东宏桥新型材料有限公司铝液交流电耗为12 580千瓦·时

/吨，优于标准先进值 0.6%，优于行业平均值 4.6%。铜冶炼单位产品综合能耗约 230 千克标准煤/吨，较 2015 年下降 23%，“领跑者”云南铜业股份有限公司西南铜业分公司铜冶炼单位产品综合能耗 217.78 千克标准煤/吨，优于标准先进值 22.0%，优于行业平均值 5.3%。铅冶炼单位产品综合能耗约 345 千克标煤/吨，较 2015 年下降 13.8%，“领跑者”河南豫光金铅股份有限公司单位产品综合能耗 260.2 千克标准煤/吨，优于标准先进值 27.0%，优于行业平均值 24.6%。

（一）电解铝去产能任重道远

电解铝生产过程能耗高、碳排放高，2019 年碳排放量约 4.3 亿吨，占全国总碳排放量的 5%。控制电解铝产能是实现碳达峰、碳中和最为关键的手段之一。自 2004 年以来，国家就电解铝行业产能增长过快问题多次出台相关意见。然而很长一段时间内电解铝一直保持高速增长态势，2010—2015 年年均复合增长率为 14.45%。2017 年推进供给侧结构性改革以后，电解铝产能逐渐下降。但 2020 年随着消费需求的增长，电解铝产能又有所回升。据上海有色网统计数据，截至 2020 年 12 月底，我国电解铝建成产能 4 294.9 万吨，已逼近 4 500 万吨产能红线。其中 2020 年全年新增产能总计 229 万吨，产能同比增长 4.6%。

（二）再生有色金属产量稳步增长

资源循环利用是有色金属行业推动节能减排最重要的技术手段，承担着有色金属的回收利用、高附加值资源转化、节约资源、保护环境的使命。据中国有色金属工业协会再生金属分会统计，与相应的原生金属相比，再生铜的能耗、水耗分别降低 73%、99%；再生铝的能耗、水耗分别降低 88%、97%；再生铅的能耗、水耗分别降低 78%、99%。我国再生有色金属产量已经连续 9 年超过 1 000 万吨。据中国有色金属工业协会再生金属分会数据显示，2020 年我国再生有色金属产量约 1 450 万吨，同比增长 0.9%。其中再生铜 325 万吨，同比下降 1.5%；再生铝产量 740 万吨，同比增长 2.1%；再生铅产量 240 万吨，同比增长 1.3%；再生锌产量 145 万吨，与上年度持平。

（三）再生有色金属管理更加规范

目前，我国再生有色金属原料部分依赖进口。2020年10月，生态环境部、海关总署、商务部、工信部联合印发了《关于规范再生黄铜原料、再生铜原料和再生铸造铝合金原料进口管理有关事项的公告》，明确符合国家标准《再生黄铜原料》（GB/T 38470—2019）、《再生铜原料》（GB/T 38471—2019）、《再生铸造铝合金原料》（GB/T 38472—2019）的再生黄铜原料、再生铜原料和再生铸造铝合金原料，不属于固废，不在禁止进口范围内，对进口再生金属原料进行松绑，有利于进一步推动再生金属产业健康发展，减低有色金属相关开采、制造加工过程中的环境影响。在《国家危险废弃物名录（2021年版）》中，铝灰渣和二次铝灰在回收金属铝利用环节不按危险废弃物管理，将为再生铝的回收利用提供便利。

（四）能效领跑者持续引领行业能效提升

2020年12月，工信部、国家市场监督管理总局联合发布了年度能效“领跑者”，遴选出65家达到行业能效领先水平的“领跑者”企业，为行业其他企业不断提高能效水平树立标杆。其中，铜冶炼行业能效“领跑者”云南铜业股份有限公司西南铜业分公司通过配备余热锅炉、实施烟气制酸系统余热回收改造、开发电解硫酸铜多效真空蒸发技术、强化能源信息管控、实施天然气替代煤炭，年节约4.2万吨标准煤，实现铜冶炼单位产品综合能耗217.78千克标准煤/吨，优于标准先进值22%。电解铝行业能效“领跑者”山东宏桥新型材料有限公司通过投运全系列600KA特大型阳极预焙电解槽、采用不停电开关技术、采用“石墨化阴极+磷生铁浇铸”技术、开发铝电解阳极智能控制系统技术、使用机器人进行温度控制和巡视、加强能源管理体系建设，实现铝液交流电耗12 580千瓦·时/吨，优于标准先进值70千瓦·时/吨。铅冶炼工艺“领跑者”河南豫光金铅股份有限公司通过自主研发的“液态高铅渣直接还原一步炼铅”新工艺、采用天然气替代煤炭，实现单位产品综合能耗260.2千克标准煤/吨，优于标准先进值27%。粗铅工艺“领跑者”云南驰宏锌锗股份有限公司通过采用艾萨炉富氧顶吹熔炼+还原炉液态高铅渣侧吹还原+烟化炉烟化挥发工艺、实施天然气替代煤气改造、余热发电、搭建能源在线监测系统，实现单位产品综合能耗 204.6 千克标准煤/吨，优于标准先进值 18%。再生铅工艺“领跑者”江苏新春兴再生资源有限责任公司通过改造精炼加料环节，单位产品综合能耗 98.4 千克标准煤/吨，优于标准先进值 18%。

第二节　典型企业节能减排动态

一、河南豫光金铅股份有限公司

（一）公司概况

河南豫光金铅股份有限公司（以下简称“豫光金铅”）成立于 2000 年，主要从事电解铅、白银、黄金等有色金属及贵金属产品的冶炼及进出口贸易，总资产达 100 亿元以上，已于 2002 年在上交所挂牌交易。豫光金铅的主要产品和生产能力约为铅 40 万吨、黄金 10 吨、白银 1 200 吨、阴极铜 12 万吨，2020 年铅锭产量全国第一。电解铅和白银分别在伦敦金属交易所和伦敦贵金属协会注册，具有白银出口资格和境外期货交易资格，市场遍布 10 多个国家和地区。近年来，豫光金铅着力打造有色金属冶炼、循环经济、有色金属深加工、贸易、机械加工、技术服务等板块，延伸上下游环节，增长、建强产业链，加快产业链各环节发展步伐，使各板块协同发力，共同强化企业核心竞争力，实现企业高质量、高速度发展。由于 2020 年铜、黄金、白银价格上涨，利率、税费下降，豫光金铅全年实现销售收入 202.38 亿元，同比增长 9.96%，净利润 3.12 亿元，同比增长 44.78%。但由于上游原材料价格上涨，豫光金铅现金流状况恶化，2020 年现金流量净额 45 457.68 万元，同比减少 55%。

（二）主要亮点工作

豫光金铅属于环境保护部门公布的重点排污单位，排放的主要污染物类别为废气、废水，主要大气污染物为二氧化硫、氮氧化物、颗粒物、硫酸雾、汞及其化合物、铅及其化合物，废水污染物种类为化学需氧量、氨氮、总铅、总砷、总汞、总镉、pH 值、悬浮物、总铜、硫化物、氟化物、噪声等污染。豫光金铅坚持“建设一个中心，建立一支队伍，开发两个平台，用好两项数据”，持续加大环保投入，环境治理年投入资金达 5 000 余万元，实施了多项无组织排放治理和炉窑烟气提标改造工程，积极响应重污染天气应急减排。建设危废物联网平台，力争实现危废全过程管理，同时加强科技创新。针对资源综合回收、危废处理这两大关键问题，豫光金铅建设河南省多金属提取与固废资源化工程技术研究中心，与高校联合开展冶炼烟气超低排放治理、冶炼渣高质化利用等关键技术研究，成功推进国家重点科技专项铅冶炼烟气硫硝协同控制技术进入中试阶段，顺利实现贵铅真空蒸馏技术产业化应用。通过这一系列措施，豫光金铅各项污染物排放指标全面达标，甚至超出标准值，处于行业领先水平，获评河南省危险废物处理处置行业绿色发展评价先进单位、“十三五”节能减排先进单位、河南省环保信用诚信单位、绿色环保引领企业。

二、江西铜业股份有限公司

（一）公司概况

江西铜业股份有限公司（以下简称“江西铜业”）成立于 1997 年，主要业务涵盖铜和黄金的采选、冶炼与加工，稀散金属的提取与加工，硫化工及金融、贸易等领域，并且在铜及相关有色金属领域建立了集勘探、采矿、选矿、冶炼、加工于一体的完整产业链，拥有 4 家在产冶炼厂、5 家在产矿山、8 家铜加工厂，是我国重要的铜、金、银和硫化工生产基地，也是我国最大的铜生产企业。江西铜业技术优势显著，是国内首家引进全套闪速冶炼技术生产线、首家采用氧气底吹熔炼-还原炉粉煤底吹直接还原技术处理高铅复杂金精矿的企业，整体生产技术和相关指标已达国际先进水平。2020 年合并营业收入 3 186 亿元，同比增长 32.54%；实现归母净利润 23 亿元，同比下降 5.92%。

（二）主要亮点工作

江西铜业高度重视生态环境保护工作，践行绿色低碳战略，建立健全生态环境保护制度和责任体系。一方面，以建设绿色工厂为抓手，推进生产过程资源利用集约化、生产洁净化、废物资源化、能源低碳化，提高绿色制造水平。截至 2020 年年底，江西铜业旗下已有 5 家工厂获评国家级绿色工厂。目前，江西铜业已将创建、维持绿色工厂作为企业规划重点内容，制订了新的绿色投资计划，加快推进资源开发、污染防治、生态修复、节能减排等重点项目，不断提高各工厂绿色发展水平。此外，江西铜业以科技创新为动力，不断深化科研，强化各项资源能源节约、降污减排技术，推动制造过程绿色化。2020 年，江西铜业主导或参与的“重金属矿业废弃地生态修复的直接植被技术及应用”获得了广东省科学技术进步奖一等奖，“铜阳极泥伴生稀贵金属协同绿色提取关键技术及产业化”获得了江西省科学技术进步奖一等奖，“电解铜箔绿色高性能化表面处理关键技术集成创新及产业应用”获得了江西省科学技术进步奖二等奖，绿色科技实力持续提升。

第七章

2020 年建材行业节能减排进展

第一节　总体情况

一、行业发展情况

2020 年，在国际形势极其复杂和国内改革发展稳定、任务艰巨繁重的情况下，面对新冠肺炎疫情突如其来的严重冲击，我国短期内建材行业运行受到较大影响。在党中央、国务院的英明决策部署和坚强领导下，建材行业统筹推进疫情防控，大力推进复工复产工作，取得积极成效，行业运行总体平稳，质量效益也得到了全面提升。建材行业 2020 年二氧化碳排放 14.8 亿吨，比 2019 年上升 2.7%。从各子行业来看，2020 年水泥工业、石灰石膏行业、墙体材料工业、建筑卫生陶瓷工业、玻璃工业的二氧化碳排放量分别是 12.3 亿吨、1.2 亿吨、1 322 万吨、3 758 万吨、2 740 万吨，同比分别上升 1.8%、14.3%、2.5%、-2.7%、3.9%。

（一）建材工业及产品生产保持增长

建材工业 2020 年全年增加值同比增长 2.8%，增长速度与整个工业增速持平，自 9 月开始工业增速开始由负转正，并持续增高，到 12 月增速已达 7.4%。水泥、平板玻璃等主要建材产品生产保持增长，全年水泥产量达 23.8 亿吨，比 2019 年增长 1.6%，平板玻璃产量达 9.5 亿质量箱，比 2019 年增长 1.3%。相关数据分别如图 7-1 和图 7-2 所示。

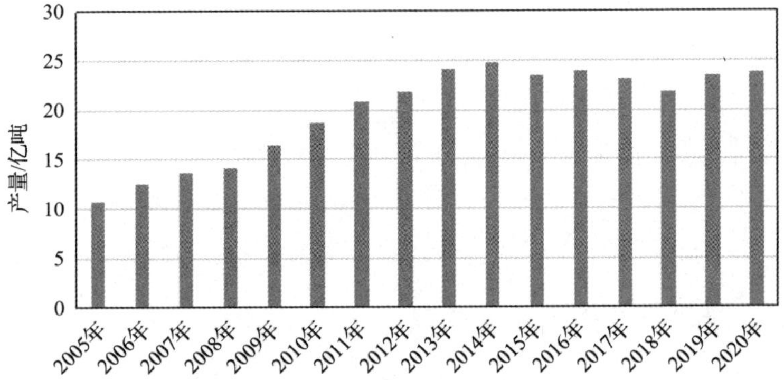

图 7.1　2005—2020 年我国水泥产量

数据来源：国家统计局。

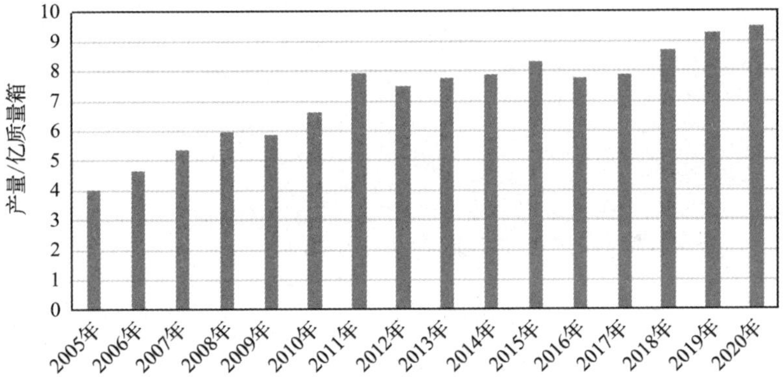

图 7.2　2005—2020 年我国平板玻璃产量

数据来源：国家统计局。

（二）建材行业价格总体保持稳定

2020 年 12 月，建材及非金属矿工业出厂价格指数为 114.19，同比下降 1.8%，全年平均出厂价格水平同比下降 0.3%。其中，2020 年 12 月水泥和平板玻璃出厂价格指数分别为 112.51 和 123.74；水泥出厂价格同比下降 8.7%，全年平均出厂价格同比下降 4.4%；平板玻璃出厂价格同比增长 22.9%，全年平均出厂价格增长 10.0%。

（三）建材行业效益稳中有升

2020 年规模以上建材企业营业收入达 5.6 万亿元，同比增长 0.1%，利润总额 4 871 亿元，同比增长 3.2%。其中，水泥和平板玻璃行业的营业收入分别为 9 960 亿元（同比下降 2.2%）和 926 亿元（同比增长 9.9%），利润总额分别为 1 833 亿元（同比下降 2.1%）和 130 亿元（同比增长 39%）。

（四）建材行业投资恢复明显

2020 年，非金属矿采选业和制品业的固定资产投资同比增长 6.2% 和下降 3.0%，其中制品业降幅比一季度收窄 30.6 个百分点，恢复明显。混凝土和水泥制品、墙体材料、建筑用石等行业的产业结构调整和规模化发展是建材行业投资的主要驱动力。

（五）建材行业出口实现增长

2020 年，我国建材产品出口金额为 387.5 亿美元，同比增长 4.1%。水泥制品、卫生陶瓷、玻璃、建筑用石制品、黏土和沙石、防水建材、轻质建材等多种商品出口金额实现增长。

二、建材行业节能减排主要特点

（一）加快推广先进适用节能技术装备产品，促进工业节能与绿色发展，引导绿色生产和绿色消费

工信部发布了《国家工业节能技术装备推荐目录（2020）》（以下简称《目录》），其中包括流程工业节能改造、余热余压节能改造、重点用能设备系统节能、能源信息化管控、其他工业节能 5 大类 59 项工业节能技术。为推动相关技术的广泛应用，工信部节能与综合利用司组织编制了《国家工业节能技术应用指南与案例（2020）》，详细介绍了《目录》中各技术的适用范围、原理及工艺、指标、功能特性、应用案例、未来五年推广前景及节能减排潜力等技术特点和应用情况，供各企业参考借鉴。

（二）组织开展建材行业节能诊断服务

2020 年在建材行业部分企业开展主要工序工艺、重点用能系统、关键技术装备等的节能诊断服务工作，切实推进建材企业能效提升，促进行业绿色低碳发展。

（三）加快实施绿色制造

第五批绿色制造名单中，建材领域共发布了绿色设计产品 159 种，其中无机轻质板材 14 种、卫生陶瓷 6 种、木塑型材 11 种、砌块 74 种、陶瓷砖 54 种；绿色工厂 79 家，包括建筑材料企业 11 家、水泥企业 49 家、玻璃企业 8 家、陶瓷企业 5 家、石膏企业 3 家、耐火材料企业 3 家。

（四）加快推进绿色建材产品认证及生产应用

2019 年 10 月，国家市场监督管理总局、住房和城乡建设部、工信部三部门联合印发了《绿色建材产品认证实施方案》，开展绿色建材产品认证及生产应用工作。

第二节　典型企业节能减排动态

一、吴江南玻玻璃有限公司

（一）公司概况

吴江南玻玻璃有限公司（以下简称“吴江南玻”）于 2009 年 9 月 28 日成立，被认定为 2020 年平板玻璃行业能效“领跑者”。公司经营范围包括研发、生产微电子用玻璃基板（电子平板显示玻璃）、低辐射镀膜玻璃、光伏太阳能玻璃、优质浮法玻璃，以及公司自产产品的销售、优质特种玻璃技术（工艺技术、生产技术、设备技术）的信息咨询服务等。吴江南玻 900 吨/天生产线单位产品综合能耗为 8.92 千克标准煤/质量箱。

（二）绿色发展

1. 加强先进节能工艺技术应用

为了减少天然气和电能消耗，吴江南玻加大富氧燃烧技术和氨分解制氢等装备的生产应用。充分利用玻璃窑炉高温烟气，实施余热回收发电项目，年发电量达 6 000 万千瓦·时，可节能 7 300 余吨标准煤。同时积极优化燃烧器，通过调整火焰长度和燃烧风气比，来达到增加热辐射面积并提高氧化性的目的，每生产 1 吨玻璃液，可以节约 0.8～1 标准立方米天然气。

2. 积极开展熔窑节能技术改造

在平板玻璃生产线总能耗中，熔窑能耗占比约 85%，是节能降耗的关键环节。吴江南玻不断加强熔窑透红部位的保温措施，如对池壁砖进行二次绑砖等措施，达到减少热损失、延长耐火材料使用寿命的目的；还采用熔窑大碹陶瓷焊补技术来修补鼠洞，对格子体定期进行摘帽疏通。通过这些技术改造，每生产 1 吨玻璃液可节约 1～3 标准立方米天然气。

3. 加大可再生能源利用

吴江南玻已经建设了 1 座 11 兆瓦的屋顶分布式光伏发电站，年发电量达 920 万千瓦·时，每年可节能 1 130 吨标准煤。

4. 全面强化能源管理

吴江南玻专门成立了能源管理领导小组，并通过了能源管理体系认证，详细制定了用能管理制度和考核办法，实行节约奖励、超标罚款的制度，不断改进能源管理绩效，提高企业的能源管理水平。

二、华新水泥股份有限公司

华新水泥股份有限公司（以下简称“华新水泥”）于 1907 年创立，被誉为“中国水泥工业的摇篮”，110 多年来为国家和地方经济社会发展做出了突出贡献。华新水泥拥有 AAA 级企业资信和“华新堡垒”中国驰名商标。20 世纪 50 年代的北京十大建筑、北京亚运村、葛洲坝、京珠高速公路、长江中下游数十座公路和铁路大桥、举世瞩目的三峡工程等国家重点工程，均选用了华新水泥。华新水泥于 1994 年在上交所上市，1999 年与瑞士 Holcim 集团结为战略伙伴关系。

经过多年发展，华新水泥从一家地方性水泥工厂发展成为在全国十多个省、市及海外拥有 200 多家分/子公司，水泥、混凝土、骨料、环保、装备制造及工程、新型建筑材料等领域全产业链一体化发展的全球化建材集团，名列中国制造业 500 强和《财富》中国 500 强（净资产收益率位居第 10 位）。华新水泥主要经济指标年均复合增长率连续 20 年保持 25%。在 2020 年“中国 500 个最具价值品牌”榜单上，华新水泥以 598.75 亿元的品牌价值位列第 82 名。

（一）公司概况

2020 年，华新水泥销售水泥 7 137 万吨，销售商品熟料 464 万吨，销售矿粉 107 万吨，共计 7 708 万吨，同比下降 2%；各类废弃物处置量共计 294 万吨，其中生活垃圾处置量 206 万吨，危废处置量 4.4 万吨；销售骨料 2 305 万吨，同比增长 31%；销售商品混凝土 461 万方，同比增长 9%。实现营业收入 293.57 亿元，同比下降 6.6%；实现税收 38.67 亿元。

（二）绿色发展

2020 年水泥行业能效“领跑者”企业中有 6 家华新水泥的分公司，分别是华新水泥（河南信阳）有限公司、华新水泥（阳新）有限公司、华新水泥（昭通）有限公司、华新水泥（株洲）有限公司、华新水泥（武穴）有限公司、华新水泥（西藏）有限公司。这几家分公司的水泥可比熟料综合能耗均低于 100 千克标准煤/吨，比标准先进值高 9%～16%。华新水泥的先进节能做法包括以下几项。

1. 采用先进的节能工艺技术装备

例如，广泛采用窑外分解新型干法水泥生产工艺，以及第四代篦冷机、辊压机终粉磨技术等先进适用技术装备。其中，华新水泥（武穴）有限公司配套了 2 条 9 兆瓦余热发电系统，年发电量达 1.2 亿千瓦·时。

2. 大力实施节能装备改造

公司通过广泛实施预热器降阻、大功率拖动电机变频改造、分解炉分级燃烧改造、高温风机智能换热等措施，不断提升能效，达到节能的目的。例如，华新水泥（株洲）有限公司自投产以来，先后实施了 19 台（套）预热器降阻改造、高效节能电机替代普通电机、设备拖动电机变频改造等装备的节能技术改造，年节约电量约 1 260 万千瓦·时。

3．积极推进水泥窑协同处置固废

2020 年华新水泥（阳新）有限公司的水泥窑协同处置生活垃圾衍生原料的项目，在实现单窑日产 6 000 吨熟料的同时，可以处置 600 吨生活垃圾衍生原料，单位熟料煤耗为 93 千克标准煤，比 2014 年下降了 16%。

第八章

2020 年电力行业节能减排进展

电力行业作为我国国民经济的基础性支柱行业，与国民经济发展息息相关，对社会稳定具有重要意义。改革开放 40 多年来，我国电力工业取得了巨大成就。2020 年全国全口径发电装机 22 亿千瓦，规模居世界第一位，人均用电量超出世界平均水平。电力发展呈现绿色、低碳发展态势，建设以绿色电力为特征的现代电力系统，是支撑未来中国绿色经济体系、实现能源资源更优化配置、建设“美丽中国”的前提和保障。

第一节　总体情况

一、行业发展情况

2020 年，全国发电装机容量平稳增长（见图 8-1），电力生产运行总体平稳，用电量持续增加，电力消费结构继续优化，全国电力供需形势总体平衡。

根据中国电力企业联合会数据，2020 年，全国全口径发电装机容量为 22 亿千瓦，同比增长 9.5%。其中，火电装机容量 12.5 亿千瓦、水电装机容量 3.7 亿千瓦、并网风电装机容量 2.8 亿千瓦、并网太阳能发电装机容量 2.5 亿千瓦、核电装机容量 4 989 万千瓦。全国全口径非化石能源发电装机容量合计 9.8 亿千瓦，占全口径发电装机容量的 44.8%，同比提高 2.8 个百分点。全口径煤电装机容量 10.8 亿千瓦，占总装机容量的 49.1%，首次降至 50%以下。

2020 年，我国全口径发电量为 7.62 万亿千瓦·时，同比增长 4.0%。

全国全口径非化石能源发电量达到2.58万亿千瓦·时，同比增长7.9%，占全国全口径发电量的33.9%，同比提高1.2个百分点。其中，水电发电量为1.36万亿千瓦·时，同比增长4.1%；并网风电和并网太阳能发电量分别为4 665亿千瓦·时、2611亿千瓦·时，同比分别增长15.1%和16.6%；核电发电量为3 662亿千瓦·时，同比增长5.0%。全国全口径火电发电量为5.17万亿千瓦·时，同比增长2.5%；煤电发电量4.63万亿千瓦·时，同比增长1.7%，占全国全口径发电量的60.8%，同比降低1.4个百分点。

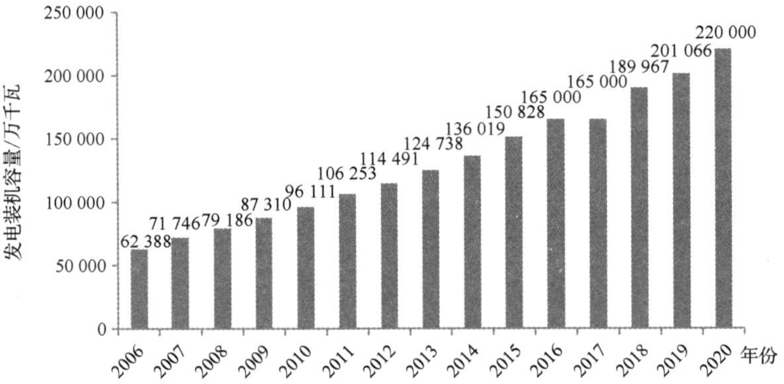

图8-1 2006—2020年全国发电装机容量

数据来源：中国电力企业联合会、国家统计局。

2020年，全社会用电量为7.51万亿千瓦·时，同比增长3.1%，全国人均用电量5 161千瓦·时，人均生活用电量732千瓦·时。从三大产业结构和城乡居民生活用电量来看，2020年，第一产业用电量为859亿千瓦·时，同比增长10.2%。第一产业用电量快速增长，主要是因为近年来国家加大了农网改造升级力度，乡村用电条件持续改善，“村村通动力电”工程顺利推进，电力逐步代替了人力和畜力，电动机代替了柴油机，持续深入推进的脱贫攻坚战带动了乡村发展，第一产业用电潜力得到释放。第二产业用电量为5.12万亿千瓦·时，同比增长2.5%。2020年，制造业用电量同比增长2.9%。其中，高技术及装备制造业、四大高载能行业、其他制造业行业、消费品制造业用电量增速分别为4.0%、3.6%、3.3%、-1.8%。2020年三、四季度，高技术及装备制造业用电量增速高达 10.8%、11.9%，体现了工业转型升级与高质量发展。第三产业用电量为 1.21 万亿千瓦·时，同比增长 1.9%。2020 年，得益于大数据、云计算、物联网等新技术的快速推广应用，在线办公、生活服务平台、文化娱乐、在线教育等线上产业高速增长，信息传输/软件和信息技术服务业用电量同比增长 23.9%。2020 年，城乡居民生活用电量为 1.09 万亿千瓦·时，同比增长 6.9%。2020 年，东、中、西部和东北地区全社会用电量增速分别为 2.1%、2.4%、5.6%、1.6%。全国共有 27 个省（区）用电量为正增长，其中，云南、四川、甘肃、内蒙古、西藏、广西、江西、安徽 8 个省（区）增速超过 5%。

二、行业节能减排主要特点

近年来，我国电力行业积极践行绿色发展理念，不断转变发展方式。火电机组供电煤耗持续下降，煤电超低排放和节能改造成效显著，发电结构进一步优化。

（一）发电结构进一步优化

随着高效、清洁、环保的超临界、超超临界先进机组比例大幅提升，发电装机结构持续优化，非化石能源发电量增速明显高于化石能源发电量。2020 年，全国非化石能源发电量为 2.58 万亿千瓦·时，同比增长 7.9%。其中，太阳能、风电、核电、水电发电量同比分别增长 16.6%、15.1%、5.0%、4.1%。四类清洁能源发电量占总发电量的 33.9%，同比提高 1.2 个百分点。

（二）火电机组供电煤耗持续下降

行业积极推动火电机组清洁有序发展，促进煤电高效、清洁、可持续发展，通过实施汽轮机通流部分改造、锅炉烟气余热回收利用、电机变频、供热改造等节能改造措施，不断降低供电煤耗。截至 2020 年年底，全国火电机组平均供电标准煤耗下降到约 305.5 克标准煤/千瓦·时（见图 8-2），比 2010 年减少了 27.5 克标准煤/千瓦·时，比 2005 年减少了 64.5 克标煤/千瓦·时。目前，我国平均供电煤耗已达到世界发达国家的平均水平。泰州电厂二期工程 3 号机组是全球首台百万千瓦超超临界二次再热燃煤发电机组，达到了供电煤耗 264.78 克标准煤/千瓦·时的全球领先水平。

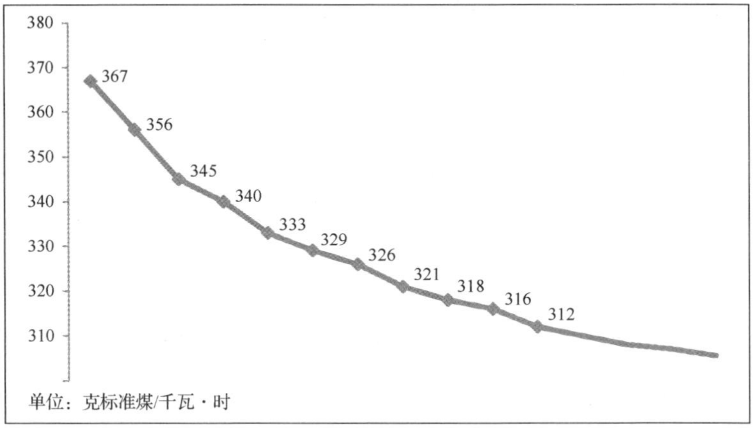

图 8-2　2006—2020 年火电机组平均供电标准煤耗变化情况

数据来源：中国电力企业联合会、国家统计局，2020 年 2 月。

（三）水电、核电设备利用小时同比提高

2020 年，全国发电设备平均利用小时数为 3 758 小时，同比降低 70 小时。其中，水电设备利用小时数为 3 827 小时，首次打破 3 800 小时的纪录，同比提高 130 小时；核电设备利用小时数为 7 453 小时，同比提高 59 小时；火电设备利用小时数为 4 216 小时，同比降低 92 小时，其中煤电设备利用小时数为 4 340 小时，同比降低 89 小时；并网风电设备利用小时数为 2 073 小时，同比降低 10 小时；太阳能发电设备利用小时数为 1 281 小时，同比降低 10 小时。

第二节　典型企业节能减排动态

一、中国华电集团有限公司

（一）公司概况

中国华电集团有限公司（以下简称“中国华电”）是 2002 年年底国

家电力体制改革组建的国有独资发电企业，属于国务院国有资产监督管理委员会（以下简称“国资委”）监管的特大型中央企业，主营业务包括：电力生产、热力生产和供应；与电力相关的煤炭等一次能源开发及相关专业技术服务。该公司 2019 年在《财富》世界 500 强中排名第 386 位。2019 年，中国华电营业收入为 2 335 亿元，同比增长 8.9%，利润为 123 亿元，同比增长 49.5%。截至 2019 年年底，中国华电装机容量 1.53 亿千瓦，发电量 5 786 亿千瓦·时。

（二）主要做法与经验

1. 增强转型发展战略定力

中国华电深入贯彻国家“四个革命、一个合作”的能源安全新战略，印发了《关于推动高质量发展　建设具有全球竞争力的世界一流能源企业》的一号文件，将“五个坚持、五个转型”的发展思路、“两低一高”的发展要求、“2218”的发展目标写入了公司的中长期发展规划纲要（2018—2035 年），突出了环保和能耗两个指标，淡化了规模指标，提出到“十三五”末，单位电能排放较“十二五”末降低 20%、单位电能化石能源消耗较“十二五”末降低 20 克的目标。这是中央企业中首次将节能减排目标纳入战略规划，体现了中国华电助力全球气候治理的深刻自觉。

2. 大力发展非化石能源

中国华电投资建设的柬埔寨额勒赛下游电站，是中国企业在海外注册的最大清洁发展机制项目，每年核证减排量 70 万吨，为柬埔寨的可持续发展及节能减排做出了重要贡献。截至 2018 年年底，在运水电容量达到 2 722 万千瓦，居中国同类型企业之首，水电对中国华电二氧化碳减排的贡献率达到 45%，成为名副其实的“减碳引擎”。通过推动水电、风电、太阳能等新能源对化石能源的替代，中国华电清洁能源装机占比由 2010 年的 24.8%上升至 2018 年的 39.7%，累计减排二氧化碳 3.9 亿吨。大力淘汰落后煤电产能，2017 年关停高能耗、高排放小火电 147 万千瓦，减排二氧化碳 550 万吨；2018 年关停高能耗、高排放小火电 186 万千瓦，减排二氧化碳近 700 万吨，分别占全国下达关停计划的 28%、15.6%。

3. 主动参与中国碳市场建设

建立健全碳排放管理体制机制，着力构建自上而下的碳管理体系，提高碳交易政策和碳市场环境变化适应能力。2018 年，中国华电建成了国内电力行业首个碳排放在线检测研究实验平台，组织完成碳捕集关键技术研究，为全国碳市场建设提供技术支撑。组织研究大型发电集团在碳市场中的地位和作用，完成中国华电碳资产管理体制机制研究方案，为行业碳资产管理体系建设提供了理论支撑及借鉴。中国华电所属14 家火电企业积极参与试点碳交易，连续四年履约率 100%。积极推进江苏句容电厂碳捕集示范项目，助力国家级低碳试点城市建设。制定《CCER 备案指导计划》，完成 35 个自愿减排项目备案，减排能力 550 万吨/年。同时，在北京和广东试点尝试采用配额置换、抵押融资及回购等碳交易手段，为参与全国碳市场交易积累经验。

4. 促进煤炭清洁高效利用

在积极拓展清洁能源、做大绿色发展增量的同时，中国华电努力优化存量，不断提高“低能耗、低排放、高效率”能源供给水平。2018—2020 年，中国华电年均投入约 85 亿元实施煤电机组节能减排升级等改造，能效持续提升；积极采用机侧优化、燃烧系统优化、变频改造、机组整体优化等成熟适用的节能技术，能耗持续降低。数据显示，中国华电的供电煤耗由 2010 年的 328.2 克标煤/千瓦·时降至 2018 年的 300.3 克标煤/千瓦·时，下降 8.5%，减排二氧化碳 1.1 亿吨。

（三）节能减排投入与效果

作为能源央企，中国华电积极推进绿色发展，坚定不移地打好污染防治攻坚战。2019 年，中国华电按照集团《打好污染防治攻坚战指导意见》，推动实施集团《打好污染防治攻坚战三年实施计划（2018—2020）》《超低排放三年实施规划（2017—2019 年）》《雄安新区清洁供电规划》和《碳排放“十三五”专项规划》，以清洁能源特别是非化石能源为主攻方向，优化产业结构，转换增长动力，积极发展新能源、持续发展水电、有序发展气电、优化发展煤电。目前，中国华电已成为同类型企业中天然气发电装机最多、水电装机最多、分布式发电装机最多的运营商，清洁能源装机占比 40.4%，被授予“业绩优秀企业”和“节能减排突出贡献企业”。

中国华电践行新发展理念，加快现役机组超低排放改造。截至 2019 年年底，全年发电企业环保类技改项目投入资金 22.61 亿元，累计完成超低排放机组改造 219 台，二氧化硫、氮氧化物、烟尘排放达标率分别为 99.98%、99.79%、99.98%，京津冀及中东部地区全部实现超低排放，单位电能烟尘、二氧化硫、氮氧化物排放量同比分别降低 13.5%、11.1%、5.8%。试点地区 15 家控排企业全部完成碳交易履约，建成电力行业首个二氧化碳在线检测平台，全年碳排放履约首次实现扭亏转盈。

把节能要求落实到生产经营的全周期、全过程，实现结构节能，大力提高火电机组供能比重，开展煤电机组节能改造，重点在 60 万千瓦汽轮机通流改造、智能化供热等关键领域取得突破，火电供电煤耗位居同类型企业先进水平，39 台机组在行业能效对标竞赛中获奖。锅炉效率达到 95.1%，成为世界目前投运最高效的燃煤火电机组；汽轮机背压达到 3.8 千帕，成为世界目前投运二次再热机组最低背压；发电煤耗下降到 253.48 克标煤/千瓦・时，成为世界目前投运二次再热机组最低煤耗。

二、中国华能集团有限公司

（一）公司概况

中国华能集团有限公司（以下简称“中国华能”）是经国务院批准成立的国有重要骨干企业。中国华能业务涉及电源开发、投资、建设、经营和管理，电力（热力）生产和销售，以及金融、煤炭、交通运输、新能源、环保相关产业及产品的开发、投资、建设、生产、销售等。2019 年，中国华能营业收入同比增长 9.9%，为 3 062 亿元，利润同比增长 56%，为 178 亿元。截至 2019 年年底，中国华能全资及其控股电厂发电装机规模 18 278 万千瓦，其中国内累计年发电量达到 7 057 亿千瓦・时，煤电、水电、风电利用小时全面领先；煤炭产能 8 260 万吨/年，产量 7 450 万吨。

（二）主要做法与经验

1. 强化环境管理

中国华能坚持问题导向，着力解决当前环保工作中的难点和重点问题，全力推动生态文明建设和污染防治攻坚工作，扎实开展环保工作风险排查，进一步提升工作措施精准度，环保工作成效不断显现，环保指标继续保持行业领先。完善环保标准体系，先后印发了《火电厂全厂节水与废水综合治理指导意见》《火电厂中小机组、供热锅炉烟气污染物超低排放技术路线指导意见》等文件，为基层企业开展环保改造及环保技术创新提供明确的政策指引。不断加强环保预警及应急机制建设工作，将环保预警应急的相关处置规定纳入《重大突发事件综合应急预案》，系统各单位定期开展日常演练，确保将突发环境事件可能带来的风险降至最低。

2. 调整能源结构

构建清洁低碳、安全高效的能源体系，推进“两线”“两化”发展战略尽快落地。北线方面，锡盟风电基地一期全面开工；东线方面，江苏区域全年新增海上风电容量 100 万千瓦，为在东部沿海打造千万千瓦级海上风电基地奠定了坚实的基础。2019 年，中国华能总装机容量达 18 278 万千瓦，其中低碳清洁能源装机容量 6 163 万千瓦，占比 33.72%，同比提高 0.54 个百分点；非水可再生能源装机容量 2 396 万千瓦，占比 13.1%，同比提高 1.2 个百分点。

3. 推进节能降耗

深入开展节能降耗工作，狠抓能耗指标创优目标落实。开展新一轮“两型企业”复查验收，抓好小指标全面达标治理。开展节能新技术研究应用，加强设备治理，优化中国华能自主知识产权节能降耗技术集成应用体系，集中优势资源，打造能效标杆机组。

4. 开展清洁生产

深入推进污染防治攻坚，圆满完成全国两会、中华人民共和国成立 70 周年庆祝活动、第二届“一带一路”高峰论坛、第二届中国国际进口博览会等重要时段的空气质量保障任务，环保工作和环保指标均保持行业领先水平。加快推进环保改造项目，严格治理工业废气排放，组织开展满洲里 5 号机组和东海拉尔 5 号机组炉内低氮脱硫除尘一体化超低排放改造工程示范。

（三）节能减排投入与效果

2019 年，中国华能全面推进节能减排工作，环保总投资 24.82 亿元，节能投资 4.5 亿元。供电煤耗完成 297.55 克标准煤/千瓦·时，同比降低 1.17 克标准煤/千瓦·时；厂用电率完成 3.78%，同比降低 0.19 个百分点。2019 年，累计 289 台、占比 96%的煤机实现超低排放，完成“十三五”国家改造任务的 110.5%，火电机组二氧化硫、氮氧化物、烟尘排放绩效分别为 0.072 克/千瓦·时、0.141 克/千瓦·时、0.011 克/千瓦·时，同比基本持平，达标率均超过 99.8%。系统开展工业废水、固废的管控治理工作。完成京津冀、长三角、汾渭平原等重点区域电厂 90%的废水治理工作；完成黄台电厂脱硫废水旁路烟气蒸发干燥科技示范工程；完成煤场封闭改造降低颗粒物污染项目主体工程建设。

第九章

2020 年装备制造业节能减排进展

装备制造业是衡量国家制造业核心竞争力的标志，支撑和带动整个国民经济发展。重大技术装备的发展将提升产业基础能力，还可以为石化、能源、交通等重点领域提供基础支撑，满足国民经济建设重大需要。

第一节　总体情况

一、行业发展情况

2020 年，我国装备制造业持续稳定增长，但分化趋势非常明显。2020 年，装备制造业增加值同比提升 6.6%，增速与 2019 年持平，比全部规模以上工业平均水平高 3.8%，对全部规模以上工业增长贡献率超过 70%，后两个季度装备制造业增加值达到两位数增长，强力支撑工业增长稳步回升。从细分行业看，电气机械、电子设备和汽车行业增长较快，增速分别为 7.7%、8.9%和 6.6%，而铁路、船舶、航空航天行业增速同比下降，除了新能源汽车、通用设备增加值增速超过 2019 年，其余增速均呈收窄趋势，相关数据如表 9-1 所示。部分产品增长较快，集成电路、新能源汽车、工业机器人、笔记本电脑、太阳能电池和挖掘机等主要产品实现较快增长，增速分别为 16.2%、17.3%、19.1%、26.3%、30.3%和 36.7%。

表 9-1　2020 年装备制造业 8 个细分行业增加值累计增长率

行　　业	2019 年增加值累计增长/%	2020 年增加值累计增长/%	2020 年较 2019 年增速同比增长/%
金属制品业	5.8	5.2	-0.6
通用设备制造业	4.3	5.1	0.8
专用设备制造业	6.9	6.3	-0.6
汽车制造业	1.8	6.6	4.8
铁路、船舶、航空航天和其他运输设备制造业	7.4	-0.3	-7.7
电气机械及器材制造业	10.7	8.9	-1.8
通信设备、计算机及其他电子设备制造业	9.3	7.7	-1.6
仪器仪表制造业	10.5	3.4	-7.1

数据来源：国家统计局。

2020 年，我国汽车产销恢复速度和程度全球领先，表现出强劲的韧性，全年国内汽车产量和销量同比仅降低 2.0%和 1.9%，分别为 2 522.5 万辆和 2 531.1 万辆。其中，乘用车全年销量为 2 017.8 万辆，同比下降 6%，豪华品牌快速增长，SUV 相对突出，低端车较为低迷；商用车增势明显，全年销量为 513.3 万辆，同比提升 18.7%，货车主要受国民经济快速恢复、“两新一重”投资加快推进、老旧汽车淘汰及治限治超带动产品升级影响，增势较为明显。新能源汽车复苏势头强劲，2020 年全年新能源汽车累计销量为 136.7 万辆，同比增长 10.9%，这主要得益于产业链逐步成熟、消费者认知度上升、产品多元化及配套设施完善等因素。

2020 年，我国造船完工量 3 853 万载重吨，同比增长 4.9%；新承接船舶订单量 2 893 万载重吨，同比下降 0.5%。截至 2020 年年底，手持船舶订单量 7 111 万载重吨，同比下降 12.9%。全国完工出口船 3 425 万载重吨，较 2019 年提升 2.1%；承接出口船订单 2445 万载重吨，同比下降 9.3%；2020 年年底，手持出口船订单 6 521 万载重吨，同比下降 13.3%。出口船舶占比较大，占全国造船完工量、新接订单量、手持订单量比重分别为 88.9%、84.5%和 91.7%。

二、行业节能减排主要特点

2020 年，新能源汽车等绿色装备产品不断问世，装备制造行业深入推行绿色制造，大力发展环保装备产业，对推动全国工业节能减排工作起到积极作用。

（一）新能源汽车等绿色装备产品不断问世

2020 年，国务院办公厅印发了《新能源汽车产业发展规划（2021—2035 年）》，从国家层面对新能源汽车未来 15 年的发展进行了顶层设计。提出到 2025 年，纯电动乘用车新车平均电耗降至 12.0 千瓦・时/百千米，新能源新车销量占汽车新车销售总量的 20%左右。2020 年，新能源汽车累计销量为 136.7 万辆，同比增长 10.9%，2019 年 10 月以来，新能源汽车销量月度同比增速超过 100%。2020 年，我国绿色船舶研发和建造取得突破，23 000TEU 双燃料动力超大型集装箱船、18 600 立方米 LNG 加注船、节能环保 30 万吨超大型原油船、大型豪华客滚船“中华复兴”号顺利交付，17.4 万方液化天然气船、9.3 万方全冷式超大型液化石油气船、19 万吨双燃料散货船等实现批量接单。一批风机、泵、压缩机等制造业企业大力开发节能产品，实现了能效提升。

（二）绿色制造不断推进

2020 年装备制造行业深入推进绿色制造，其中汽车制造、电器电子、机械装备等是绿色制造发展的重点行业。汽车制造领域重点关注的关键环节是生产制造环节、供应链环节，电器电子领域聚焦新产品设计开发及产品回收再利用，机械装备领域重点关注绿色加工环节及再制造。2020 年，第五批绿色制造体系名单公布，北京北汽李尔汽车系统有限公司、天津一汽丰田汽车有限公司、中铁工程装备集团（天津）有限公司、河北宝力工程装备股份有限公司、山西电机制造有限公司等重点企业纳入第五批绿色工厂名单；北京奔驰汽车有限公司、天津三星电机有限公司、上汽大众汽车有限公司、湖北航特装备制造股份有限公司、贵州航天林泉电机有限公司等众多企业纳入第五批绿色供应链名单。

（三）环保装备产业逐步壮大

一是环保装备行业逐步得以规范。2020 年，为加快引导环保装备制造业高质量发展，工信部制定了《环保装备制造业（固废处理装备）规范条件》，并发布《2020 年符合环保装备制造业规范条件企业名单》，包括第四批《环保装备制造行业（大气治理）规范条件》企业名单、第二批符合《环保装备制造行业（污水治理）规范条件》企业名单、第二批符合《环保装备制造行业（环境监测仪器）规范条件》企业名单、第一批符合《环保装备制造业（固废处理装备）规范条件》企业名单。二是加快研发推广环保装备，工信部会同科技部、生态环境部发布了《国家鼓励发展的重大环保技术装备目录（2020 年版）》，涵盖开发、应用、推广等各类重大环保技术装备 165 项。

第二节　典型企业节能减排动态

一、中车时代电动汽车股份有限公司

（一）公司概况

中车时代电动汽车股份有限公司成立于 2007 年，是中国中车集团整合国内外各种优质资源成立的国内首家专业从事电动汽车研发与制造的高新技术企业，创建了以安全、可靠、智能、节能为核心的新能源汽车技术集成平台，构建了完整的新能源汽车全产业链。公司始终坚持绿色发展，打造绿色公交、绿色公路交通、绿色轻型车、绿色货车、绿色景区车、绿色物流车等，构建绿色智慧交通体系，成为中车新名片。

（二）主要做法与经验

1. 开展全流程绿色化改造

一是实施整车工艺装备能力提升技术改造项目，在三大车间五个主要瓶颈点上进行绿色改造投入，改造硬件设施，加强科学有效管理，大幅提升单位面积产出，减少废弃物产生和排放，提升现代化管理水平。项目建成投用后，平均生产节拍由 60 分钟/台提升到 35 分钟/台，日产能由 18 台/天提升到 30 台/天，年产能达到 6 000 台以上。二是实施涂装车间提质增效项目，通过实施喷漆室格栅清理、高压水枪清洗，对比焚烧每年节约约 6 万元，达到环保要求，降低了喷漆室安全风险；建立检测室，监控原材料、过程关键性能、工艺质量，建立质量数据库，提高公司的检测和质量控制能力，提高公司的工艺研究与质量分析水平，提高产品质量合格率，间接促进了绿色发展；对烤漆房温度实时监控，防止烘烤温度过高或超时烘烤带来的质量事故，避免烘烤超时浪费燃气，节约能源。

2. 实施绿色供应链管理

公司坚持合作共赢，积极发挥在供应链上的带动作用，强化供应商管理，开展负责任采购，最大限度地避免供应链责任风险，推进物资采购与供应链管控，明确年度供应链业务管理目标，分解落实供应链绩效评价指标，不断完善供应商管理准则，公开采购监督负面清单，持续推进合规采购，在采购环节关注环保、节能等因素，倡导供应商履责，从而共同打造优质绿色的供应体系。加强供应链信息化管控，利用中国中车供应链电子商务协同平台“中车购”，以及云计算、移动互联网、大数据等信息通信技术，整合轨道交通行业优质企业，实现与全球高端、高品质供应链资源与采购企业的对接与合作，为供应链上下游企业提供全流程、信息化的智慧供应链协同解决方案，使采购业务公开、透明并实现可追溯性管理。

3. 通过信息化手段促进节能降耗

公司建立了能源、环保、安全三位一体的在线监测管理系统，实现智能监测，促进节能环保安全管理水平全方位提升。公司通过对能源消耗使用情况进行在线监测，实施节能技术改造，促进成本下降；通过监控企业污水和废气产生预防环境污染事件；通过监控企业重大危险源及安全巡检状况预防重特大安全事故。

二、奥士康科技股份有限公司

（一）公司概况

奥士康科技股份有限公司于 2008 年在湖南益阳成立。公司主要从事中高端印制电路板（Printer Circuit Board，PCB）的设计制造，是 PCB 行业全球百强企业。2017 年公司于深交所中小板上市。印制电路板制作工艺流程繁多冗长，资源消耗量大，涵盖的电镀技术远远超越电镀范畴，污染较为严重。公司在绿色发展、污染预防方面采取了诸多行动，取得了显著成效，公司被纳入国家绿色制造体系名单。

（二）绿色制造经验与成效

1．实施工艺技术绿色改造

进行绿色制造设备工艺改造。推动水平 Desmear&PTH 线替代传统垂直 Desmear &PTH 线。Desmear&PTH 是制作 PCB 的主要工序之一，需使用大量化学试剂，化学处理过程需要维持较恒定的温度，化学处理后又需要深度清洁，造成该工序巨大的水电消耗，而且该工序使用大量化学试剂，对环境造成较大影响，替换后的工艺减少了化学试剂的使用和水资源的耗量，污染物排放也较简单、易处理。推动 IR 炉替代热风式烤炉，摒弃传统电热管加热方式，采用红外灯管产生光波与热量对油墨进行辐射加热，具有加热均匀、固化速度快等优势，机台额定功率仅为热风烤炉的 60%左右，能源消耗大大降低。搭建环境在线监控系统，在线采集处理 COD，. 实时上传至网络平台。

2．全方位提高绿色工艺水平

开展与高校及科研院所的产学研合作，共同开展高性能超厚铜 PCB 工艺研究，首创“大排版、大拼版”设计，将生产尺寸提升至 25 英寸×43 英寸，效率提升到约 60%。建设碱性蚀刻液在线活化循环再生回用系统，采用多级错层补偿萃取工艺，利用溶剂萃取—膜处理—电解还原法，从失效废铜液中无损分离回收铜，废液 100%完全回收循环利用。建设余热回收系统，将冷水机、空压机压合的热量回收后，集中利用输水泵将热量输送到每条生产线的水槽中，替代发热管，取消电热器，有效节省能源。

3．采用全生命周期绿色管理

落实产品生命周期理念，将产品生态设计作为企业绿色转型的主要抓手，融入企业总体发展战略，推进企业在产品设计开发、节能降耗、清洁生产、供应链管理、综合利用等方面全面提升。采用生态设计工具和技术推动产品创新，逐步建立产品生命周期评价体系，以此为基础探索开展产品全生命周期碳足迹评价、水足迹评价、产品环境足迹评价。构建供应链管理体系，加强供应链各环节的策划、组织和控制，将生产者的责任延伸理念融入业务流程，综合考虑经济效益与资源节约、环境保护的和谐统一，用信息化手段集成企业从客户订货到生产计划，从原材料采购到生产制造再到产品销售等整个流程，逐步构建面向产品全生命周期的资源环境基础数据库。

区　域　篇

第十章

2020年东部地区工业节能减排进展

2020年，“十三五”工业节能减排工作进入收尾期。我国东部地区11个省市（北京、天津、河北、上海、辽宁、山东、江苏、浙江、福建、广东、海南）节能减排工作取得显著成效，单位GDP能耗进一步下降，主要污染物排放持续下降，产业结构更加优化，绿色制造体系建设更加完善，工业绿色转型取得很好的成效。

第一节　总体情况

一、节能情况

整体上，东部地区各省、市工业节能工作深入推进，工业节能对各省、市节能工作的支撑作用很强，能源利用效率稳步提高。

北京市印发了《2020年节能工作要点》，明确分解能源消耗总量和强度目标责任及重点工作，全年共支持63个节能技改项目，实现节能量约5.2万吨标准煤。鼓励引导先进节能技术和节能产品推广，开展节能技术和节能产品征集活动，并加大力度支持先进技术的推广应用。重视标准引领作用，开展全市节能标准制修订工作。加强节能管理，开展对重点用能单位的能源审计。重视节能宣传，组织节能宣传周活动，倡导全社会节能。最终完成全市单位GDP能耗较2015年下降17个百分点。

天津市以“双控”为抓手，2020年，全市能源消耗总量控制在8 600万吨标准煤以内，单位GDP能耗比2019年下降1个百分点。加强重点用能单位管理，建立完善重点用能单位能耗在线监测系统。注重节能全过程管理，充分发挥节能专项资金的作用，支持节能技术改造项目和高效节能产品的推广。加强节能宣传培训，一方面进行节能宣传周等社会全员培训；另一方面对节能主管部门、重点用能单位、节能服务机构相关人员进行专业培训。

河北省积极贯彻新发展理念，“十三五”期间单位 GDP 能耗下降 21%。制定了碳达峰、碳中和中长期规划，推动有条件的县市率先达峰。

上海市 2020 年锁定“碳达峰、碳中和”工作目标，全面贯彻绿色发展理念，能效水平继续稳步提升，超额完成“十三五”节能目标。根据上海市经济和信息化委员会发布的相关数据，2020 年 1—11 月全市规模以上工业用能总量同比下降 0.92%，单位增加值能耗同比下降 1%。“十三五”期间用能总量累计减少 340 万吨标准煤，单位增加值能耗累计下降 15.5%。

江苏省 2020 年节能减排成效显著。共关停落后化工企业 995 家。钢铁、水泥等重点行业按时完成去产能任务。规模以上工业综合能源消费量比 2019 年下降 0.4%。

浙江省重点行业能效水平逐步提升，节能监督管理体系日益完善。能源利用效率和水平位居前列。“十三五”期间，全省单位 GDP 能耗下降超过 17%。

广东省 2020 年工业能耗总量小幅增长。根据 2021 年 3 月发布的《2020 年广东省国民经济和社会发展统计公报》，广东省全年规模以上工业综合能源消费量为 17 257.23 万吨标准煤，比 2019 年增长 2.7 个百分点。单位工业增加值能耗增长 1.2 个百分点，工业用电量增长 1.7 个百分点。

二、主要污染物排放情况

根据 2021 年 1 月生态环境部通报的 2020 年 12 月和 1—12 月全国地表水、环境空气质量状况，2020 年，京津冀及周边地区“2+26”城市空气质量优良天数达到 229 天，优良天数比例达到 63.5%，比 2019 年上升 10.4%；PM2.5 平均浓度为 51 微克/立方米，同比下降 10.5 个百分点。其中，北京空气质量优良天数达到 75.4%，比 2019 年上升 9.6%；

PM2.5 平均浓度为 38 微克/立方米，同比下降 9.5 个百分点。

2020 年，长三角地区 41 个城市空气质量优良天数达到 310 天，平均空气质量优良天数比例达到 85.2%，比 2019 年上升 8.7%。PM2.5 浓度为 35μg/m^3，比 2019 年下降 14.6 个百分点。

根据《2020 年广东省国民经济和社会发展统计公报》，广东省全省平均灰霾天气天数 13.3 天，比 2019 年减少 8.7 天；全年日照时数 1 766.5 小时，接近正常年份水平（1 755.1 小时）。全省 21 个地级以上城市二氧化硫、二氧化氮、PM10、PM2.5、臭氧（日最大 8 小时均值第 90 百分位数）、一氧化碳（日均值第 95 百分位数）年平均浓度分别为 8 微克/立方米、21 微克/立方米、38 微克/立方米、22 微克/立方米、138 微克/立方米、1 毫克/立方米。21 个城市二氧化硫年均值均达到一级标准；21 个城市二氧化氮年均值达到一级标准；21 个城市 PM10 年均值均达到二级标准；21 个城市 PM2.5 年均值达到二级标准；20 个城市臭氧（日最大 8 小时均值第 90 百分位数）浓度达到二级标准；21 个城市一氧化碳（日均值第 95 百分位数）浓度均达到一级标准。全省 21 个城市空气质量优良天数比例平均为 95.5%，比 2019 年提高 5.8 个百分点。

三、碳排放权交易

北京生态环境局 2020 年发布了《关于做好 2020 年重点碳排放单位管理和碳排放权交易试点工作的通知》，强化重点碳排放单位责任，发挥市场机制对温室气体排放控制的促进作用。重点碳排放单位去除了因产业结构调整等原因而停产的排放单位和二氧化碳排放量低于 5 000 吨的单位，并将民用航空运输业航空器的碳排放纳入全市碳排放权交易报告范围。

上海市作为全国碳交易市场落地城市，其在我国碳排放权交易市场建设中采取的创新型“双城”模式（上海联合产权交易所负责交易，湖北碳排放权交易中心负责注册登记）中，发挥着重要作用，承担着重要任务。2021 年 7 月 15 日全国碳排放权交易市场启动。作为实现全国碳交易市场中集中统一交易的核心基础设施，恒生电子股份有限公司已经在全国碳排放权交易系统、注册登记系统这两套核心系统上做好了技术装备。

据生态环境部应对气候变化司司长李高透露，2011 年以来，北京、天津、上海等地开展了碳排放权交易试点工作，截至 2020 年 11 月，试点碳市场共覆盖电力、钢铁、水泥等约 20 个行业近 3 000 家重点排放单位，累计配额成交量约为 4.3 亿吨二氧化碳当量，累计成交额近 100 亿元。

第二节　结构调整

2020 年，北京推动高质量发展，不断优化产业结构。高新技术产业增加值比 2019 年增长 6.4 个百分点，增加值总额 9 242.3 亿元。战略性新兴产业增加值比 2019 年增长 6.2 个百分点，增加值达到 8 965.4 亿元。2020 年高技术制造业完成固定资产投资增长 87.7 个百分点，高技术服务业完成投资增长 16.5 个百分点。

根据《2020 年天津市国民经济和社会发展统计公报》，2020 年，天津市去产能取得实效。水泥产量下降 17.2 个百分点，平板玻璃产量下降 5.2 个百分点。新动能引领作用越来越强，全年高新技术产业增加值增长 4.6 个百分点，工业战略性新兴产业增加值增长 4.4 个百分点，均快于规模以上工业增速。高技术服务业营业收入增长 5.4 个百分点，战略性新兴服务业营业收入增长 4.9 个百分点，也高于规模以上服务业平均水平。电子及新产品产量保持较快增长，服务机器人产量增长 1.6 倍，电子计算机产量增长 93.3%，新能源汽车产量增长 70.3%，电子元件产量增长 35.4%，集成电路产量增长 28.5%，光电子器件产量增长 2.1 倍。信息安全、动力电池入选 2020 年全国 20 个先进制造业产业集群。

根据《河北省 2020 年国民经济和社会发展统计公报》，2020 年，河北省产业转型升级速度加快。规模以上工业中，战略性新兴产业增加值比 2019 年增长 7.8 个百分点。高新技术产业增加值增长 6.6 个百分点，占规模以上工业增加值的比重为 19.4%。生物医药健康产业增加值增长 15 个百分点，新能源产业增加值增长 13.7 个百分点，信息智能产业增加值增长 6.1 个百分点，新材料产业增加值增长 6.2 个百分点，高技术服务业营业收入增长 3.1 个百分点。集成电路产量增长 6.6 倍，新能源汽车产量增长 25.3 个百分点，工业机器人产量增长 26.5 个百分点，太阳能电池产量增长 21.7 个百分点。

根据《2020 年江苏省国民经济和社会发展统计公报》，2020 年，江苏省新动能显著增强，高新技术产业产值比 2019 年增长 7.7 个百分点，占规模以上工业总产值比重达到 46.5%。战略性新兴产业产值增长 11 个百分点，占规模以上工业总产值比重达到 37.8%。先进制造业发展态势良好，全省高技术产业、装备制造业增加值比 2019 年分别增长 10.3 和 8.9 个百分点。按行业来分，电子行业增加值比 2019 年增长 9.4 个百分点，医药行业增加值比 2019 年增长 12.2 个百分点，汽车行业增加值比 2019 年增长 4.5 个百分点，专用设备行业增加值比 2019 年增长 9.8 个百分点。碳纤维增强复合材料、新能源汽车、城市轨道车辆、集成电路、太阳能电池等产品产量均有较大增长。

根据《2020 年浙江省国民经济和社会发展统计公报》，2020 年浙江全省工业生产快速恢复，工业增加值比 2019 年增长 3.6 个百分点。新产业新动能释放，数字经济发展迅速，全年数字经济核心产业增加值比 2019 年增长 13 个百分点。规模以上企业中，人工智能、高技术、装备、高新技术、战略性新兴、节能环保等产业增加值分别增长 16.6、15.6、10.8、9.7、10.2、8.7 个百分点。高新技术、装备、战略性新兴产业增加值占比分别为 59.6%、44.2%、33.1%。高新技术服务业增速较快。新产品产值增长 5.1 个百分点，列入国家“三新”统计的 11 种新产品，新能源汽车、碳纤维及其复合材料、光缆、工业机器人、太阳能电池、集成电路等产量增长较快，增速分别为 77.7%、58.7%、50.8%、43.6%、39.3%、21.2%。

根据《2020 年山东省国民经济和社会发展统计公报》，2020 年山东省淘汰落后产能成效明显，压减焦化产能 729 万吨，退出地炼产能 1 176 万吨。促进传统工业技术改造，裕龙岛炼化一体化、世界高端铝业基地、山东重工绿色制造产业城等项目落地实施。新动能培育成绩显著，“四新”经济增加值占比达到 30.2%，投资占比达到 51.3%。新登记“四新”经济企业增长 83.4%。新增高新技术企业 3 157 家，总量达到 1.46 万家，增长 27.5%。高新技术产业产值占规模以上工业产值比重为 45.1%，比 2019 年提高 5%。新一代信息技术制造业、新能源新材料、高端装备增加值分别增长 14.5、19.6、9.0 个百分点。高技术制造业增加值增长 9.8

个百分点。光电子器件、服务器、半导体分立器件、碳纤维、工业机器人等高端智能产品产量也都有明显增长，分别为 24.8%、35.3%、15.5%、129.5%、24.9%。

第三节　技术进步

一、喷淋液冷技术

该技术用于数据中心节能，已有系列产品，系采用特定的液体物质作冷却液。冷却液被送入服务器的机架主管路，再通过机架支管路分配到各层服务器上的喷淋板。冷却液通过喷淋板上的喷淋孔被输送至所需冷却的服务器零部件。被服务器加热后的冷却液汇集于回流管，并通过重力作用汇聚至机架下部的储液箱。储液箱中的冷却液通过循环泵注入室外机组进行冷却。被冷却过滤后的冷却液再次通过循环主管路进入机柜对服务器进行制冷。冷却液全程无相变。采用单台 2U 服务器配置 8 张加速卡，单台服务器的电功率可达到 2.8 千瓦，可实现明显降低数据中心总设备能耗的效果。

该技术适用于大型 IDC 数据中心机房。

二、双动力源泵节能空调

该技术集压缩机制冷与氟泵节能制冷为一体，实现了两套制冷系统的耦合。机组结构紧凑、体积小，节省机房空间。使用变参数的控制技术，根据环境温湿度变化，减少压缩机工作时间和空调设备的耗电量。氟泵节能制冷根据所设条件自动切换，可以根据室外环境温度进行平滑切换，不会造成机房环境温度的波动。双动力驱动的节能模式，支持双动力联合运行，提高过渡季节的节能效果。全年能效比在 4.6 以上，相比传统压缩机制冷空调系统，省电率达到 20%以上。

该技术适用于数据中心制冷空调系统。

三、企业能效管理云平台

该技术属于能源管理系统领域。采用“端+云+边缘”的云架构技术，搭建能耗实时监测采集网络、智慧能源管理平台与绿色制造服务平台，通过采集、存储企业产品全生命周期的生产工序实时能耗和工况数据，利用现场实时数据服务器的部署与云端工业数据库、能效分析模型的结合，实现工业企业智慧能源管理、预测分析、优化调度和考核管理功能，达到工厂级、园区级、城市级耗能设备的实时数据采集、监测、管理，助力工业企业在大数据环境下提高能源利用效率。

该技术适用于企业能源消耗运行监控。

四、机场能源管理系统

该技术采用分层设计、模块化开发的研发思路，建立插件式系统框架，构建功能实用、数据访问高效、可视化能力较强的核心软件系统，形成一套可以个性化配置的系统工具。机场能源管理部门可以按照需求采购不同的模块组合，可解决机场行业能源品类众多和能源结构多样复杂的管理难题，实现机场能源、能流分布的可视化。通过能源消耗量和设备效率的实时监控，与行业标杆进行对比、分析，主动推动节能运行策略。通过大数据分析，挖掘更多节能空间，建立能耗的评价和考核标准。通过系统的深度学习技术，预测未来用能数据。

该技术适用于机场能源消耗运行监管。

第四节　重点用能企业节能减排管理

一、滨化集团股份有限公司

滨化集团位于山东省滨州市，始建于1968年，已拥有50多年的发展史。集团业务涵盖盐化工、石油化工、精细化工、热电、炼油、口岸仓储、金融等领域，目前已发展成为主业突出、产业链完整的综合型化工企业集团。滨化集团股份有限公司（以下简称“滨化股份”）是滨化集团的化工板块，注册资本15.444亿元，总资产110.7亿元，具有丰富的烧碱和环氧丙烷生产经验，2010年在上交所上市。2019年实现营业收入61.64亿元，利润6.08亿元，利税8.71亿元。2018年7月被授予“中国主板上市公司价值百强企业”荣誉称号。2019年，滨化股份离子膜烧碱单位产品综合能耗 295kgce，连续 6 年获得全国重点耗能产品能效“领跑者”标杆称号。

（一）以技术确保环保理念落实

滨化股份高度重视环保，重视绿色发展，多年来一直致力于绿色化工，大力发展循环经济，努力实现环境、经济、社会效益的共赢。在对绿色化工的不懈追求过程中，技术发挥着关键作用。滨化股份积极推行清洁生产，大力推动绿色技术改造。投资近 3 亿元建设了工业水运营中心，共有三套污水处理装置，处理能力可达 6.69 万立方米/天。投资 1.1 亿元建设了锅炉烟气 SCR 脱硝、湿法脱硫、湿式静电除尘装置，实现了烟气超低排放。投资 1 亿多元建设了废渣综合利用制砖装置，利用化工、热电等行业产生的废渣生产建筑材料。

（二）不断提升规范管理水平

滨化股份始终坚持走可持续发展之路，高度重视节能减排管理制度的建立和完善。依托循环经济一体化优势和完善的能源管理体系，对能源利用过程进行实时监控调度、科学统计分析、运行优化，实现了能源的全过程扁平化管理，提高了企业能源管理水平。滨化股份先后获得“中国石油和化工行业能效领跑者标杆企业”“山东省循环经济示范单位”“山东省节能先进企业”“低碳山东贡献单位”等多个荣誉称号。

（三）重视绿色技术创新

滨化股份以推动企业转型升级为目标，推动技术创新项目加快实施落地。深入贯彻产学研发展模式，与北京清华工业开发研究院合作，借助清华大学全球领先的技术创新优势和资源整合能力，以山东省高端石化产业发展机遇为契机，以建设“清洁原料、绿色过程面向高增长行业的高科技新材料化工园区”为总目标，在北海经济开发区规划建设高科技化工园区，着手实施滨化集团北海高端石化园区气化一体化项目。与北京清华工业开发研究院共同成立了北京水木滨华科技有限公司，为公司向先进材料和新能源方向的转型提供技术支撑。

二、山东钢铁集团有限公司

山东钢铁集团有限公司（以下简称“山钢集团”）成立于 2008 年，注册资本 111.93 亿元，由山东国资委、山东国惠投资有限公司和山东社会保障基金理事会共同出资设立。山钢集团拥有 10 多家子公司，包括 4 家 A+H 股上市公司和 1 家新三板上市公司。公司资产总额 3 680.94 亿元，在职职工 4.2 万人，2020 年位列《财富》世界 500 强榜单第 459 位。产量位居世界第 11 位、国内第 7 位，形成了黑色金属采矿、冶炼及加工，钢铁贸易及服务，新材料、高端装备制造及技术服务三大主业。山钢集团坚持“突出沿海、优化内陆，精品与规模并重”的发展理念，拥有全国先进的中厚板、冷热轧薄板、型钢、优特钢、棒线材生产线。日照钢铁精品基地工艺装备和专业技术达到世界领先水平。山钢集团高度重视绿色发展，形成了“横到边、纵到底”的安全环保防控体系，引领山东省钢铁企业绿色转型，获得“全国循环经济试点示范企业”、“中国钢铁工业清洁生产环境友好型企业”及国家级“绿色工厂”等多项荣誉。

（一）高层高度重视

山钢集团高度重视绿色发展，一直紧跟国家绿色低碳发展的政策步伐，不断创新、实践、落实。集团高层多次带队参观考察绿色环保项目，斥巨资推动集团绿色转型发展。面对党中央提出的“在 2030 年碳达峰和 2060 年碳中和”目标，集团领导班子充分认识到，在不远的将来，钢铁行业的生产方式必将发生深刻的变化，集团一如既往地落实党中央关于碳达峰、碳中和的重大战略部署，加快低碳转型。全面落实主体责任，发布《绿色发展行动方案（2019—2020）》，发挥高层推动作用，做好顶层设计，为山钢集团开展绿色环保工作提供了保障。印发《钢铁超低排放治理实施计划》，梳理新增超低排放改造项目 81 项，增加投资 2.4 亿元。

（二）实施绿色环保重大项目

山钢集团提出“率先达到钢铁超低排放标准，打造国内先进绿色钢铁强企，引领山东省钢铁企业绿色转型发展”目标，不断加大先进节能环保技术引进力度，实施一系列重大项目。2019 年，完成绿色环保项目 135 项。提前完成物料封闭储存运输、扬尘点整治等无组织治理项目，烧结脱硫脱硝项目也建成投用，率先实现烟气有组织超低排放。山东钢铁股份有限公司莱芜分公司建成 30 万平方米的原料场全封闭大棚，焦化煤场筒仓拔地而起，焦炉烟气脱硫脱硝超低排放治理项目陆续建成投用。山钢集团日照钢铁有限公司完成酚氰废水池加盖封闭，建成主要污染物排放源视频监控、环保信息化系统和厂区空气质量监测微站。济钢萨博 VOCs 废气治理及废水处理项目按期建成并稳定运行。山东耐火材料集团有限公司完成王铝 9 座竖窑、王耐窑炉的节能环保改造和料场全封闭。2020 年，山钢集团吨钢颗粒物、二氧化硫、氮氧化合物排放持续降低，同比分别降低 3.2%、42%、44%，均优于《钢铁行业清洁生产评价指标体系》Ⅰ级基准值。

（三）持续推进绿色发展

推动企业绿色转型不是一朝一夕能完成的，需要持续推进的战略定力。山钢集团在 2020 年工作会议上强调：“要持续提升环境绩效，打造绿色发展标杆，坚定不移走在行业环保前列。”山钢集团进一步加强绿色发展意识，加大绿色发展推进力度，将继续对标国内标杆企业，持续推进绿色发展及钢铁超低排放改造，实施环境深度治理。推进清洁生产，强化源头削减，降低资源能源消费水平，发力发展循环经济，提高水、固废资源循环利用水平，深入推进“两化融合”，提高节能环保监管能力。构建钢铁行业全流程、全过程绿色发展体系，将生态设计、清洁生产、绿色物流、循环利用有机结合起来，进一步提高资源利用效率，减少污染排放，抢占全省乃至全国绿色发展制高点。

第十一章

2020 年中部地区工业节能减排进展

第一节　总体情况

2020 年，中部六省继续深入推进工业节能减排工作，经济增长质量和效益获得新的提升，绿色制造体系建设成效显著，工业绿色发展水平持续提升。

一、节能情况

山西省抓住“碳达峰”“碳中和”发展机遇，深入推进能源革命综合改革试点，将碳达峰作为深化能源革命综合改革试点的牵引，倒逼产业结构、能源结构加快转型升级。采取大力推进节能技术推广应用、推进产业结构优化调整、推进用能权交易改革等多种措施，进一步做好全省节能工作，已顺利完成“十三五”能源双控目标任务。

河南省节能指标完成较好。国家发改委 2021 年公布的各省份 2019 年度能源消费总量和强度“双控”考核结果显示，河南省属于超额完成等级，并持续推进全省节能减排工作的深入发展。

安徽省节能目标完成情况名列前茅，“十三五”时期能源双控目标完成情况属于超额完成等级。2020 年全省规模以上工业综合能源消费量比 2019 年增长 5 个百分点，单位工业增加值能耗下降 0.9 个百分点。

湖南省能源消耗出现下降趋势，2020 年首次出现工业综合能源消耗量下降情况，全省规模以上工业综合能源消费量比 2019 年下降 1.3 个百分点。

六大高耗能行业综合能源消费量下降 1.3 个百分点。

湖北省 2020 年继续大力推进节能降耗工作，全省单位地区生产总值能耗继续保持下降态势，年初确定的下降 1 个百分点的目标顺利完成。

江西省 2020 年工业能源消耗强度继续下降。全省规模以上工业综合能源消费量 5 817.2 万吨标准煤，比 2019 年增长 2.9 个百分点。规模以上万元工业增加值能耗下降 1.6 个百分点。

二、主要污染物减排情况

大气污染物排放方面，根据生态环境部发布的《2020 年全国生态环境质量简况》，汾渭平原 11 个城市平均空气质量优良天数比例为 70.6%，比 2019 年上升 8.9%。PM2.5 平均浓度为 48 微克/立方米，比 2019 年同期下降 12.7 个百分点。

根据《2020 年山西省生态环境状况公报》，按行业标准《环境空气质量指数（AQI）技术规定（试行）》（HJ 633—2012）评价，11 个地级城市环境空气达标天数为 224～315 天。全年 PM2.5 平均浓度为 44 微克/立方米，空气质量优良天数比例达到 71.9%。

根据河南省人民政府《关于 2020 年度环境状况和环境保护目标完成情况与依法打好污染防治攻坚战工作情况的报告》，全省空气质量仍属于轻度污染等级，但空气质量有所改善，环境空气质量指标同比实现了“八降一增”，空气质量综合指数为 5.02，同比下降 11.9 个百分点，空气重污染天数从 2019 年的 23 天减少到 12 天，空气质量优良天数比 2019 年增加 52 天。

安徽省 2020 年 PM2.5 年均浓度为 39 微克/立方米，比 2019 年下降 15.2 个百分点。16 个省辖市空气质量平均优良天数比例达到 82.9%，比 2019 年提高 11.1%。其中，有五个城市空气质量达到国家二级标准。

湖南省主要污染物排放浓度持续下降，排放总量进一步削减。2020 年全省空气质量取得历史性突破，7 个市级城市空气质量达到二级标准，全省市级城市平均空气质量首次达到国家二级标准，PM2.5 浓度降低到 35 微克/立方米，全年空气质量优良天数比例上升到 91.7%。

江西省 2020 年全省 PM2.5 浓度为 30 微克/立方米，比 2019 年下降 14.3 个百分点，平均浓度达到国家二级标准。全年空气质量优良天数比例达到 94.7%，比 2020 年上升 5%，空气质量优良天数增加 20 天。空气中的二氧化硫、PM10、二氧化氮浓度均达到国家二级标准，二氧化硫浓度与 2019 年持平，PM10 浓度比 2019 年下降 13.6 个百分点，二氧化氮浓度比 2019 年下降 8.3 个百分点。

三、碳排放权交易

碳排放权交易是减少全球二氧化碳排放、应对气候变化的市场机制。湖北省 2011 年获批成为全国 7 个碳排放权交易试点之一，2014 年启动碳排放交易，是国内首个外资主体参与的碳市场。2020 年，湖北省碳交易市场累计配额成交量 3.56 亿吨，占全国碳市场份额的 50.8%；成交金额 83.51 亿元，占全国成交额的 54.4%。湖北省碳排放权交易中心市场交易规模、引资规模、纳入企业参与度等指标居全国首位。

2020 年 12 月 11 日，湖北省碳排放权交易中心发布公告，公布了 2019 年度第二批湖北碳市场政府预留配额拍卖结果，第二批共投放配额 188.2 万吨，共有 5 家纳入企业和 8 家交易机构参与。

全国碳排放权注册登记系统建设进展顺利，湖北经过几年碳排放权交易试点的经验积累，有条件、有基础承担全国碳排放权注册登记系统的建设任务。

第二节　结构调整

2020 年，河南全省规模以上工业增加值比 2019 年增长 0.4 个百分点。分门类看，采矿业增加值增长 4.2 个百分点，电力、热力、燃气及水的生产和供应业增加值增长 4.8 个百分点，制造业增加值下降 0.3 个百分点。战略性新兴产业与高技术制造业增速高于传统产业，战略性新兴产业增速增长 2.6 个百分点，高技术制造业增速增长 8.9 个百分点，传统产业增速增长 2.5 个百分点。

根据《山西省 2020 年国民经济和社会发展统计公报》，2020 年，山西省全部工业增加值 6 733.92 亿元，比 2019 年增长 5.3 个百分点。规模以上工业增加值增长 5.7 个百分点，其中，采矿业增加值增长 8.0%，制造业增加值增长 4.2 个百分点，电力、热力、燃气及水生产和供应业增加值下降 1 个百分点。仅围绕煤、焦、冶、电四大传统支柱产业推动结构调整，同时为新兴产业的成长提供发展空间。

根据安徽省统计局公布的数据，2020 年全省实现地区生产总值 38 680.6 亿元，位列全国第 11 位。工业增加值实现 11 662.2 亿元，增长了 5.1 个百分点。新动能成长速度加快，规模以上企业中，高新技术产业增加值比 2019 年增长 16.4 个百分点，装备制造业增加值比 2019 年增长 10.3 个百分点。战略性新兴产业产值比 2019 年增长了 18 个百分点。其中新一代信息技术产业产值增长 28.5 个百分点，高端装备制造产业产值增长 9.3 个百分点，新材料产业产值增长 14.8 个百分点，生物产业产值增长 22.7 个百分点，新能源汽车产业产值增长 23.1 个百分点，新能源产业产值增长 29.6 个百分点，节能环保产业产值增长 8.9 个百分点。

根据《湖南省 2020 年国民经济和社会发展统计公报》，2020 年全省实现地区生产总值 41 781.5 亿元，比 2019 年增长 3.8 个百分点。产业结构持续优化，高新技术产业和战略性新兴产业增长较快，高新技术产业增加值增速为 10.1%，占全省 GDP 的 23.5%。战略性新兴产业增加值增速为 10.2%，占全省 GDP 的 10%。六大高耗能行业增加值增长 2.7 个百分点，占规模以上工业的比重为 28.5%，比 2019 年下降 0.6%。

2020 年，湖北省实现地区生产总值 43 443.46 亿元，比 2019 年下降 5 个百分点。产业结构继续优化升级。重工业占规模以上工业增加值的比重下降 5.6 个百分点，电力、热力、燃气及水生产和供应业增加值下降 2.5 个百分点。高技术制造业增速较快。全年高技术制造业增加值增长 4.1 个百分点，增速高于规模以上工业 10.2%，高技术制造业增加值占规模以上企业工业增加值的比重达到 10.2%。

2020 年，江西省实现地区生产总值 25 691.5 亿元，比 2019 年增长 3.8 个百分点。全省工业增加值实现 8 952.7 亿元，比 2019 年增长 4 个百分点。产业结构继续优化，高质量发展持续推进。高新技术产业比 2019 年增加值增长 11.2 个百分点，高于全省平均水平 6.6 个百分点，占规模以上工业增加值的比重为 38.2%，比 2019 年提高 2.1 个百分点。装备制造业增加值增长 9.4 个百分点，高于全省平均水平 4.8 个百分点，占规模以上工业增加值的比重为 28.5%，比 2019 年提高 0.8 个百分点。战略性新兴产业增加值增长 6.6%，高于全省平均水平 2.0 个百分点，占规模以上工业增加值的比重为22.1%，比2019年提高0.9个百分点。

第三节　技术进步

一、宽粒级磁铁矿湿式弱磁预选、分级磨矿技术

该技术采用宽粒级磁铁矿湿式弱磁预选、分级磨矿工艺，解决了磁铁矿石粒级范围较宽、不能直接湿式预选的问题，通过选矿机预选抛出磁铁矿中的尾矿，减少入磨尾矿量，再利用绞笼式双层脱水分级筛对精矿和尾矿进行筛分，粗粒精矿进入球磨机，细粒精矿进入旋流器分级，粗粒尾矿作为建材综合利用，细粒尾矿用于改善总尾矿粒级分布，从源头上提高了充填强度和尾矿库的安全性，节能效果明显。

该技术解决了宽粒级入磨（0～30mm）磁铁矿无法直接湿式抛尾的难题，实现了磨前宽粒级抛尾，较宽粒级干式抛尾产率提高15%。

该技术适用于冶金行业的磁铁矿磨矿工艺节能技术改造。

二、园区多能互补微网系统技术

该技术针对园区用能，融合分布式光伏、太阳能光热、风力发电、储能、储电、风力发电、交直流混合配电网、溴化锂热源制冷、智能充电桩等技术，通过智慧能源管理平台来实现各清洁能源供给、储存、传输、利用的综合管理及互补，降低园区用能成本。

该技术通过电力电子双向变换装置，实现交直流配电网的互通，形成柔性交直流混合配电微电网。融合蓄电池储电、固体储热两种方式，实现对电能、热能的存储，提升能源利用效率，弥补清洁能源间歇性、波动性的不足。采用智慧能源管理平台对各环节进行综合管理。

该技术适用于园区能源信息化节能技术改造，在西电宝鸡电气有限公司已有应用案例。

三、外循环生料立磨技术

该技术采用外循环立磨系统工艺，将立磨的研磨和分选功能分开，物料在外循环立磨中经过研磨后全部排到磨机外，经过提升机使研磨后

的物料进入组合式选粉机进行分选，分选后的成品进入旋风收尘器收集，粗颗粒物料回到立磨进行再次研磨，能源利用效率大幅提升，系统气体阻力降低 5 000Pa，降低了通风能耗和电耗。

技术特性：一是外循环生料立磨技术用于水泥行业等原料粉磨系统中，可减小系统阻力；二是采用机械提升物料代替气力提升物料，可降低粉磨系统电耗，电耗降低幅度与原料易磨性、系统工艺设计有关，通常为 3～4 千瓦・时/吨。

该技术适用于水泥等行业的原料立磨节能技术改造，并在湖北京兰（永兴）水泥有限公司实施了改造项目。改造完成后，系统产量提高约 10%，系统电耗降低 4.47 千瓦・时/吨，年节约电量约 756 万千瓦・时/吨，折合年节约标准煤 2 457 吨，减排二氧化碳 6 812 吨/年。

四、低导热多层复合莫来石砖

该技术成功入选工信部公布的《国家工业节能技术装备推荐目录（2020）》。该技术采用多层复合技术，产品由工作层、保温层、隔热层复合而成。该技术通过对各层的化学组分、结构和产品的制作工艺进行优化，使产品使用性能优于传统制品，导热系数明显降低，产品应用于大型水泥窑过渡带，不仅能够满足水泥窑的使用要求，而且保温隔热效果远优于硅莫砖、硅莫红砖及镁铝尖晶石砖，筒体外表温度明显降低，节能效果显著。

技术特性：该技术对工作层和保温层的组成进行了优化设计，集中解决了工作层和保温层导热系数大、热振稳定性差等难题。通过对结合处结合强度的研究，实现同步成型、同步烧成，解决了由结合面膨胀系数不同而导致的结合强度低、膨胀收缩不一致造成开裂、变形的问题。

该技术适用于水泥行业的回转窑过渡带节能技术改造。

第四节　重点用能企业节能减排管理

一、中煤平朔集团有限公司

中煤平朔集团有限公司（以下简称“平朔集团”）是中煤能源集团

有限公司的煤炭生产核心企业，成立于1982年，是多项指标位居行业领先水平的露井联采特大型煤炭生产企业，是我国主要动力煤基地和国家确立的晋北亿吨级煤炭生产基地。公司现有3座年生产能力2 000万吨以上的特大型露天矿，4座现代化高产高效井工矿，6座配套洗煤厂，4条总运输能力1亿吨的铁路专用线，7座总装机容量673万千瓦的参控股发电厂，1套年产30万吨合成氨的装置和两套年产20万吨硝酸铵的装置。公司资产总额715.91亿元。平朔集团高度重视绿色环保，累计投入环保、绿化复垦资金50多亿元，矿区土地复垦率达50%以上，复垦区植被覆盖率达到95%以上，为煤炭行业的生态文明建设做出了重大贡献。

（一）大力发展循环经济

以绿色采矿串起平朔集团的循环经济，不断提升煤炭资源利用效率，将煤炭资源“吃干榨净”。经过多年发展，平朔集团建立了以煤炭开采为基础，以煤矸石及煤系伴生矿物综合利用为重点的煤—电—硅铝—煤化工—建材工业产业链。

实现废水闭路循环。为解决污水、废水治理难题，配套建成了各类废水、污水处理设施13座及67万方的调蓄水库和复用系统，提高中水利用效率，将中水广泛用于选煤厂生产、露天矿道路洒水和矿区绿化，整个矿区基本实现水资源闭路循环，废水废气排放口均实现了达标排放。

全面推进热电联产。从“十二五”至今，矿区累计淘汰小锅炉30多台，当前只剩一台930E集中供热锅炉再用，已完成改造工作。目前矿区基本实现热电联供。同时，平朔集团安装了在线监测设施，并依法申领了排污许可证，定期向社会公开环境信息。

（二）注重制度建设

平朔集团高度重视制度建设在推进绿色转型发展中的作用，出台了多项制度文件，推行开采方式科学化、矿井环境生态化。出台的主要制度文件包括《环境保护工作管理办法》《绿化复垦管理办法》《新、改、扩建及技改项目环境管理办法》和《中煤平朔集团有限公司水污染防治管理规定》等，用制度的手段来规范建设和发展，促进产业结构转型和升级。以“组织管理、制度建设、目标考核”体系建设为中心，不断完善环保管理体系。成立了节能环保领导组，设立节能环保部，具体负责日常节能环保及生态建设管理工作。同时，规范新建项目法律报批程序，通过科研单位专业分析研究、规划设计，在项目动工前，做好环境影响评价等前置工作，确保项目顺利实施。

（三）建设生态园区

近年来，平朔集团矿区引进 87 个品种，建立了草、灌、乔、木复垦种植的立体模式，形成了采矿、排土、复垦、种植一条龙生产作业方式。平朔集团围绕复垦土地发展现代农业，统筹失地农民就业，打造绿色产业链这一目标，编制了《平朔矿区生态农业及旅游业规划》和《平朔矿区生态再造暨旅游发展规划》。在复垦土地方面，建成 1.6 万平方米智能温室、300 座日光温室，以及博物馆、人工湖等设施，集生态恢复、现代农业、生态工业旅游为一体的生态园区已初具规模。后续平朔集团还将继续投入大量资金进行生态环境治理。

二、郑州煤电股份有限公司

郑州煤电股份有限公司（以下简称“郑州煤电”）于 1997 年年底成立，1998 年在上交所挂牌交易，是国有重点煤炭企业境内 A 股第一家上市公司，也是河南省第一家上市的中央企业。郑州煤电主营煤炭生产及销售，兼营煤炭相关物资和设备的采购与销售等贸易业务。郑州煤电拥有生产矿井 6 对，年煤炭生产能力近千万吨，主导产品为中灰、低硫、高发热量、可磨性好的贫煤、贫瘦煤和无烟煤，是优质的工业动力煤。经过多年发展，郑州煤电在采煤工艺、开采技术、锚网支护等领域形成了具有公司特色的自主知识产权技术，拥有“三软”不稳定煤层安全高效开采、瓦斯治理、矿井水害防治和难选构造煤洗选加工等方面的核心技术。矿山超大功率提升机全系列变频智能控制技术与装备项目荣获国家科技进步二等奖，技术发展水平和安全生产能力在行业内都很有代表性。郑州煤电注重绿色发展，将绿色基因贯穿企业发展全过程，致力于把公司打造成为充满活力的新型能源上市公司。

（一）规划引领

2020 年，郑州煤电把推进绿色矿山建设作为绿色发展的关键点，成立绿色矿山建设领导小组，制定绿色矿山建设规划和实施方案，建立和完善绿色矿山建设工作责任制和考核评价体系，把绿色环境、绿色生产、绿色文化纳入考核指标，定期对重点项目的执行情况开展专项检查和跟踪督查。定期召开推进协调会，及时跟踪解决绿色矿山建设过程中的重大问题，保证绿色矿山建设各项工作的组织、协调和实施。构建科学合理的激励约束机制，充分运用行政、经济、产业、金融等多种手段，形成有利于促进资源合理利用、节能减排和保护环境的有关政策制度体系，着力构建促进综合利用的长效机制。

（二）多点发力

多点发力，开展综合整治。重点包含三方面内容。一是粉尘治理，对煤场进行全封闭，安装了自动喷雾降尘设备；在煤场出入口及运煤公路设置车辆冲刷站；井下风钻、煤电钻均采用湿式打眼；地面输煤、筛选系统及储煤系统采用封闭管理，转载点设布袋除尘器和喷雾降尘。二是废水治理，扎实做好矿井水、污水、废水处理与排放，更新废水在线监测装置；优化能源结构，供热源采用清洁能源+燃气锅炉方式，实现产煤不烧煤。三是提升固废综合利用与管理水平，煤矸石用于填沟造田，设置危险废物暂存间，分类堆放、有序管理，委托有资质的专业公司及时处置。

（三）创新驱动

郑州煤电高度重视技术创新，每年投入大笔资金用于技术创新，不断改进和优化工艺流程，采用新技术、新工艺、新装备，积极淘汰落后产能，有计划地不断更新改造现有生产环节和装备，淘汰高耗能、高污染的工艺和设备。大力推进智能化矿山建设，制定了智能化矿山建设方案，建设了矿山生产安全监测监控系统，实现了生产安全监测监控系统集中管控和信息联动。当前郑州煤电的矿山管理已经实现智能感知、智能调度和智能决策，实现了安全管理智能化、生产过程自动化、决策部署高效化、移动办公无纸化。

第十二章

2020 年西部地区工业节能减排进展

第一节　总体情况

西部地区大部分省份的工业结构以重工业为主，2020 年实施的《西部地区鼓励类产业目录（2020 年本）》指出，西部地区产业发展可以在遵循国家现有产业目录中的鼓励类产业目录的基础上，按各省、自治区、直辖市的特色和优势制定鼓励类产业目录。预计未来一两年将有大量重化工产业的新项目入驻西部地区，西部地区节能减排压力也会随之继续加大，节能减排形势会更加复杂而严峻。从全国工业能耗增速情况看，乌兰察布、鄂尔多斯等工业、产业结构偏重工业的地区，工业能耗快速增长，绿色发展水平仍有待提高。2020 年全国全社会用电量比 2019 年增长 3.1%，城乡居民生活用电量同比增长 6.9%。2020 年以来，西部地区用电量增速领先全国，2020 年 1—10 月，全国有 16 个省份的用电量增速超过全国平均值，其中就有 10 个省份在西部地区。内蒙古、安徽、江西、四川、云南、甘肃、广西、西藏 8 个省（区）的用电量增长在 5%以上；但是，内蒙古、云南、广西等省（区）的工业增加值增速是远低于能源消费增速的。

一、节能情况

国家对各省（区、市）2019 年度能源消费总量和强度双控措施落实和目标完成情况进行了考核，其中西部地区的重庆、四川、甘肃 3 省

（市）考核结果为超额完成等级；广西、贵州、云南、陕西、青海、宁夏、新疆7省（区）考核结果为完成等级；内蒙古考核结果为未完成等级。

四川省能耗双控工作第三次得到“超额完成”考核结果，连续三年获得国家通报表扬。“十三五”时期，在省委、省政府的统筹部署下，四川省上下坚持将节能降耗作为促进经济高质量发展的重要抓手，在保持经济较快增长的同时，创新思路、强化措施，全省节能工作取得积极成效。能耗增量得到有效控制，未超过国家下达的“十三五”控制目标；单位GDP能耗较“十二五”末累计下降18%左右，提前一年并超额完成国家下达的目标任务。

甘肃省在节能方面采取了一系列能源消费总量和强度“双控”措施，一是推进绿色生态产业发展，二是严格执行节能审查制度，三是加快产业结构调整，四是积极参与碳市场交易，五是有序推动气候变化工作，六是加强节能降碳宣传引导。其中推进绿色生态产业发展、加快产业结构优化升级、强化节能审查制度的三项工作措施被国家作为地方节能实践亮点在全国推广。“十三五”期间甘肃省的能源消费总量和强度“双控”目标成效显著。2019年度全省单位地区生产总值能耗同比下降5.85%，“十三五”进度目标累计下降16.85%，超额完成国家下达目标任务。

云南省全年在规模以上工业主要能源消费量中，焦炭消费量1 034.35万吨，增长0.6%；天然气消费量18.33亿立方米，增长24.9%；电力消费量1 287.92亿千瓦·时，增长16.2%。规模以上单位工业增加值能耗下降6.9%。

内蒙古不断优化能源化工产业布局，加快新旧动能转换，培育新兴产业，提高资源综合利用率。但是，内蒙古的能源消费总量仍然呈现大幅增长，其能源消耗量占全国5.2%，但是经济总量仅占全国的1.7%。其中鄂尔多斯市新能源消耗总量在内蒙古全区占第一位，“十三五”前四年，新增能耗总量超出“十三五”控制目标2 433万吨标准煤；乌兰察布“十三五”前四年，新增能耗总量超出“十三五”控制目标703万吨标准煤。总体上，内蒙古能源结构调整缓慢，2020全年规模以上工业企业能源消费量比2019年增长8.7%，规模以上工业清洁能源发电量为127.2亿千瓦·时，增长1.7%，占规模以上工业发电总量的25%。2020

年，内蒙古全年规模以上工业综合能源消费量比 2019 年增长 4.5%。

二、污染防治情况

内蒙古持续推进污染防治，2020 年基本完成“散乱污”企业整治，完成清洁取暖改造 15.3 万户。生态环境主要指标均超额完成国家考核任务，生态环境质量实现明显改善。内蒙古的空气质量优良天数比例、PM2.5 浓度、地表水优良水体比例均优于国家考核目标。其中呼伦湖流域生态环境进一步改善，乌梁素海整体水质稳定在五类。全面完成土壤污染状况详查和重金属减排任务。基本完成中央环保督察及“回头看”整改任务。基本完成图牧吉国家级自然保护区生态环境问题整治。“蓝天”“碧水”“净土”三大保卫战取得显著成效，各项约束性指标均达到或优于国家年度考核要求。

四川省持续打好污染防治攻坚战，2020 年通过开展生态环境保护督察、反馈问题整改和“回头看”等措施，生态环境质量得到明显改善。其中 PM2.5 浓度下降 28.6 个百分点，全年空气质量优良天数率提高了 5.6%。全面实施河（湖）长制，共有 86 个断面水质达到优良水质标准，优良率为 98.9%，劣 V 类水质全面消除，治理 105 条城市黑臭水体。全省的森林覆盖率达 40%，草原综合植被覆盖率达 85.8%，治理水土流失面积 2.5 万平方千米。大熊猫国家公园体制试点加快推进。扎实开展违建别墅清查整治，全面完成“大棚房”问题清理整治。

贵州省坚决打好污染防治攻坚战。2020 年通过狠抓中央生态环境保护督察等反馈问题整改措施，地表水水质总体优良。大力实施“双十工程”，不断推进乌江、赤水河等流域污染治理，网箱养殖已被全面取缔，完成长江流域重点水域退捕禁捕。县级以上城市空气质量优良天数率在 95%以上，生活污水、垃圾处理情况大幅改善。全面实施农村人居环境整治，共进行了 197.7 万户农村卫生厕所改造。持续推进生态修复，全省的森林覆盖率达到 60%，拥有全国最多的世界自然遗产。

甘肃省整改任务按期完成，2020 年共有 144 宗保护区内的矿业权分类退出，42 座水电站全部分类处置，完成 25 个旅游设施项目的全面整改，核心区农牧民全部搬迁。祁连山生态治理“由乱到治”，大见成效。构建完善“天空地一体化”生态监管网络，理顺优化自然保护区管理体制。“蓝天”“碧水”“净土”保卫战成效显著，空气质量优良天数率93.7%，14个市（州）PM2.5年均浓度达到国家二级标准。全省国控断面水质全部达到优良标准。土壤环境质量总体稳定。

第二节 结构调整

国家发改委修订出台了《西部地区鼓励类产业目录（2020年本）》。西部地区鼓励类产业范围不断扩大，其中不乏一些重化工产业，据预测，“十四五”期间将有大批新项目入驻，西部地区节能减排的压力将会随之继续增加。

内蒙古2020年生产总值17 359.8亿元，比2019年增长0.2%。近年来，内蒙古能源消费总量依旧呈现大幅增长趋势。“十三五”前四年，能耗强度累计上升9.5个百分点，2019年能源消费总量与2015年相比增长6 562万吨标准煤，是“十三五”增量目标的1.84倍；能源消费弹性系数由“十二五”时期的0.2上升到1.5。内蒙古的能源结构调整速度缓慢，2019年非化石能源消费占比为8.1%，远低于全国平均水平。

广西2020年生产总值22 156.69亿元，比2019年增长3.7%。新产业、新业态发展呈现良好态势。规模以上工业中，电子及通信设备制造业和医疗仪器设备及仪器仪表制造业增加值比2019年分别增长13.2%和8.5%。规模以上服务业中，软件和信息技术服务业、专业技术服务业、互联网和相关服务的营业收入分别比2019年增长72.5%、35.2%和23.2%。高技术产业投资比2019年增长12.4%，其中高技术制造业投资增长20.4%。新能源汽车、光电子器件、锂离子电池、电子元件分别比2019年增长1.9倍、1.5倍、13.4%、10.9%。线上批发和零售企业实现网上商品零售额109.40亿元，比2019年增长47.0%。

四川省2020年生产总值48 598.8亿元，比2019年增长3.8%。“十三五”期间，全省转型发展推进迅速。全省产业结构实现重大转变，三次产业结构从2015年的12.1∶43.5∶44.4调整为2019年的10.3∶37.3∶52.4，服务业占比已经超过50%，进一步巩固了工业和服务业双轮支撑格局。全年工业增加值13 428.7亿元，同比增长3.9%。2019年年末，规模以上工业企业14 843户，全年规模以上企业工业增加值增长 4.5%。服务业增加值比 2019 年增长 3.4%。其中，信息传输、软件和信息技术服务业增加值增长 26.4%，金融业增加值增长 6.4%，房地产业增加值增长 2.6%，租赁和商务服务业增加值增长 1.6%，交通运输、仓储和邮政业增加值增长 0.7%，批发和零售业增加值增长 0.2%，住宿和餐饮业增加值下降 9.7%，其他服务业增加值增长 2.0%。

贵州省 2020 年生产总值 17 826.56 亿元，同比增长 4.5%，增速高于全国 2.2 个百分点，连续 10 年位居全国前列。三次产业结构由 2015 年的 15.6∶38.2∶46.2 调整为 2020 年的 14.3∶34.8∶50.9。工业传统优势行业支撑增强。2020 年，煤电烟酒规模以上企业合计工业增加值比重 64.0%，比 2015 年提升 7.6%，其中煤炭行业增加值占比从 19.3%下降到 12.6%，电力行业增加值占比从 10.3%提升到 11.0%，烟草行业增加值占比从 8.6%提升到 9.2%，白酒行业增加值占比从 20.2%提升到 31.2%。电子、汽车、医药、冶金、建材等行业规模不断扩大。

甘肃省 2020 年生产总值 9 016.7 亿元，同比增长 3.9%。在产业结构调整方面，充分发挥节能倒逼作用，推动传统产业升级，进行存量优化，不断推进产业发展方式转变、结构调整。经济结构持续优化。2020 年，三次产业结构调整为 13.3∶31.6∶55.1，其中第三产业的比重上升了 4.5 个百分点。十大生态产业增加值 2 179 亿元，占地区生产总值的 24.2%。在新兴产业和高新技术领域，持续加大新动能投入，全年全省高技术制造业投资同比增长 33.2%。全年规模以上工业高技术产业、装备制造业、战略性新兴产业增加值分别比 2019 年增长 22.0%、22.0%和 14.9%，实现较快增长。其中，战略性新兴产业工业增加值占规模以上工业比重达到 10.9%、高新技术产业比重达到 5.7%。全年十大生态产业增加值增速比地区生产总值高 1.9%，占地区生产总值的比重比 2019 年提高 0.5%。新能源利用率达到 95%以上。

第三节　技术进步

一、大型清洁高效水煤浆气化技术

将一定浓度的水煤浆通过给料泵加压与高压氧气喷入气化室，经雾化、传热、蒸发、脱挥发分、燃烧、气化等过程，煤浆颗粒在气化炉内最终形成以一氧化碳、氢气为主的合成煤气及灰渣，气体经分级净化达到后续工段的要求，灰渣采用换热式渣水系统处理，可实现日处理煤量3 000吨。

该技术具有以下特点。一是综合能耗低。在高负荷操作条件下，气化工艺指标先进，气化装置安全可靠，自动化程度高，操作控制灵活。随着气化炉规模等级的升高，生产 1 000Nm^3（$CO+H_2$）的综合能耗逐渐降低。二是碳转化率高，由 99.2%提高到 99.6%，冷煤气效率由 74.5%提高到 75.2%。多喷嘴对置式水煤浆气化炉内直筒段和锥底段耐火砖的预测寿命与 2 000 吨级水煤浆气化装置相当，不存在因气化炉单位容积效率增大而导致耐火砖使用寿命减少的现象。三是废水排放量少，降低了合成气的生产成本。

该技术应用于内蒙古荣信化工有限公司改造项目，技术提供单位为兖州煤业股份有限公司。3 台日处理煤 3 000 吨级多喷嘴对置式水煤浆气化炉，综合年节约标准煤 7.5 万吨，减排二氧化碳 20.8 万吨/年。该技术与 GE 水煤浆气化技术相比，比氧耗下降 8.7Nm^3/Nkm^3（$CO+H_2$）；比煤耗下降 20.5kg/Nkm^3（$CO+H_2$）；节能量为 22.75$kgce/Nkm^3$（$CO+H_2$），本项目单炉有效合成气（$CO+H_2$）140 000Nm^3/h（干基）。

二、铜冶炼领域汽电双驱同轴压缩机组技术

该技术采用空压机和增压机一体机结构，形成新的空压、增压一体式压缩机，减少了汽轮发电环节，减少了能量转换过程中的损失，压缩机多变效率最高可达 88%，提高了能量回收效率。在广西南国铜业有限责任公司 15 万吨铜冶炼 4.2 万空分装置项目中，副产蒸汽用于汽轮发电机组，发电机效率为 97%；电机用于驱动，满载效率为 97%，总能量转化损失为 6%，1 套双驱动同轴机组每年可节约电量 800 万千瓦·时，折合年节约标准煤 2 600 吨，减排二氧化碳 7 209 吨/年。

三、园区多能互补微网系统技术

该技术针对园区用能，融合分布式光伏、太阳能光热、风力发电、

储热、储电、风力发电、交直流混合配电网、溴化锂热源制冷、智能充电桩等技术，通过智慧能源管理平台来实现各清洁能源的供给、储存、传输、利用的综合管理及互补，降低园区用能成本。

在西电宝鸡电气有限公司的多能互补微网系统解决方案及示范工程应用项目中，安装了低压交直流柔性输配电系统，园区原有的 5.9MW 分布式光伏发电系统接入能源管理系统，新建智慧能源管理平台，光伏发电系统建设投运后每年可节约标准煤 1 700 吨，供热系统折合年节约标准煤 14 吨，溴化锂热源制冷折合年节约标准煤 60 吨，综合年节约标准煤 1 774 吨，减排二氧化碳 4 918.4 万吨/年。

第四节　重点用能企业节能减排管理

一、新疆中泰矿冶有限公司

我国是世界第一大电石生产和消费国。2020 年电石产量 2 888 万吨，同比增长 3.3%。新疆中泰矿冶有限公司是 2020 年电石行业能效“领跑者”，电石单位产品能耗 776 千克标准煤/吨，优于标准先进值 5.5%。该公司主要做法如下。

（一）加强节能工艺技术装备应用

采用全密闭性电石炉并配套麦尔兹并流蓄热式双膛竖窑，通过立式烘干窑代替三筒烘干及双变频技术智能化控制，有效降低烘干碳材破碎率，实现烘干碳材破碎率低于 5%。回收电石烘干除尘灰，用于电厂焦煤掺混焚烧，年回收烘干除尘灰约 8.6 万吨，节约焦煤约 8.6 万吨。自主研发并应用电石炉净化灰焚烧利用，以及碳材粉末、石灰粉末制球技术，提高能源利用效率。实施电石炉净化灰焚烧利用，年焚烧净化灰约 7.2 万吨，节约 2.3 万吨碳粉。

（二）加强能源智能管控

依托 5G 工业互联网、大数据、人工智能新技术，积极推进电石炉智能控制、自动装车系统、自动焊接电极桶、制造运营管理系统、智慧巡检系统、智能行车等项目应用，年节能 956 吨标准煤。

加强能源精细化管理。成立电石炉运行研判小组、电极管控小组、原材料质量管控小组等十大精细管控小组，不断提高装置运行稳定性，持续提升能效。

二、云南驰宏锌锗股份有限公司

2020 年我国铅产量 644.3 万吨，较 2015 年增长 67%，铅冶炼单位产品综合能耗约 345 千克标准煤/吨，较 2015 年下降 13.8%。2020 年粗铅工艺“领跑者”为云南驰宏锌锗股份有限公司，单位产品综合能耗 204.6 千克标准煤/吨，优于标准先进值 18%。该公司主要做法如下。

（一）研发、应用先进节能工艺技术

公司采用艾萨炉富氧顶吹熔炼+还原炉液态高铅渣侧吹还原+烟化炉烟化挥发工艺，液态高铅渣经还原炉直接还原，有效利用液态高铅渣物理热，大幅降低燃料消耗。

（二）优化能源结构

公司实施天然气替代煤气改造，年节能 1 700 余吨标准煤；利用铅锌冶炼系统蒸汽余热年发电 6 680 万千瓦·时，年节能 8 200 多吨标准煤。

（三）积极推进节能技术改造

公司通过实施大功率风机变频改造、电热前床工艺优化，大幅降低能源消耗，年节能 700 吨标准煤。

（四）加强能源信息化管控

公司搭建能源在线监测系统，集成智能仪表、远程高速传感器、总线现场控制系统和先进设备自动识别管理系统，实现用能数据的实时监测和精准调控，取得显著的节能效果。

第十三章

2020 年东北部地区工业节能减排进展

2020 年我国东北地区的辽宁、吉林、黑龙江三省经济增速摆脱多年以来的下行趋势，开始实现由负转正。整个东北地区深入贯彻新发展理念，坚定不移地走生态优先、绿色发展的高质量发展新道路，不仅使整个东北地区生态环境重焕绿色生机，经济增长也有了较大进步，生态环境、制造业、城乡生活的绿色占比不断提升。

第一节　总体情况

2020 年，东北三省积极应对新冠肺炎疫情防控，经济社会发展取得进步，制造业发展总体态势表现较好，工业增速保持相对较快的状态，工业企业生产效益开始得到恢复，整体发展质量实现进一步提升，工业绿色发展水平实现提高，绿色节约、低碳发展的态势比较明显。

一、节能情况

总体看，东北三省产业和能源结构偏重，对能源的消耗较大，经济增长依赖能源消费的发展态势没有得到根本转变。2021 年 5 月，生态环境部在核查过程中对辽宁省部分地方的一些高耗能、高排放项目管控不到位的问题进行了通报。2020 年，辽宁省规模以上工业综合能源消费量为 1.62 亿吨标准煤，其中六大高耗能行业综合能源消费量为 1.47 亿吨标准煤，占规模以上工业综合能源消费量比重高达 91%，比 2018 年增加了 3.1 个百分点。辽宁省 2019 年的省级节能审查批复的项目中，有 9 个能耗 5 万吨标准煤以上的高耗能项目未落实能耗替代要求，设计新增能耗达 177 万吨标准煤。2020 年，吉林省能耗总量和强度“双控”目标任务是完成国家下达的“十三五”能耗“双控”目标任务，即单位 GDP 能耗较 2015 年下降 15%，能耗总量控制在 9 502 万吨标准煤以内。2020 年，吉林省全社会用电量 805.40 亿千瓦·时，比 2019 年增长 3.2%。全省万元地区生产总值能耗比 2019 年下降 1.6%。

二、主要污染物减排情况

根据《2020 年辽宁省生态环境状况公报》，2020 年辽宁全省城市环境空气质量不断得到改善，其中全省空气质量优良天数比例平均水平为 83.6%，比 2019 年上升了 2.9 个百分点，PM2.5、PM10、二氧化硫、十氧化氮、一氧化碳、臭氧 6 项污染物浓度同比实现下降，其中 PM2.5 年均浓度为 38 微克/立方米，PM10 年均浓度为 64 微克/立方米，二氧化硫年均浓度为 16 微克/立方米，二氧化氮年均浓度为 27 微克/立方米，一氧化碳（日均第 95 百分位数）浓度为 1.6 毫克/立方米，臭氧（日最大 8 小时均值第 90 百分位数）浓度为 146 微克/立方米。2020 年，辽宁省酸雨频率为 0.4%，降水年均 pH 值为 6.59，高于 pH 值 5.6 的酸雨限值。与 2019 年相比酸雨频率上升了 0.1 个百分点，降水年均 pH 值上升了 0.04。2020 年辽宁省水质总体比 2019 年得到一些改善，但仍然呈轻度污染水平，其中全省 86 个地表水断面中，Ⅰ—Ⅲ类水质断面比例达到 74.4%，比 2019 年上升 11.6 个百分点；Ⅳ类水质断面比例为 22.1%；Ⅴ类水质断面比例为 2.3%；劣Ⅴ类水质断面比例为 0，比 2019 年下降 5.8 个百分点；未监测水质断面比例为 1.2%。

根据《吉林省 2020 年生态环境状况公报》，2020 年吉林省城市环境空气质量优良天数比例为 89.8%，比全国平均水平高 2.8 个百分点，比 2019 年上升了 0.5 个百分点，其中重度及重度以上污染天数比例为 1.2%，与 2019 年的水平基本持平；空气中 PM10、PM2.5、二氧化硫、二氧化氮、一氧化碳、臭氧 6 项污染物年均浓度均达到了国家环境空气质量二级标准，其中 PM10 年均浓度为 52 微克/立方米，PM2.5 年均浓度为 31 微克/立方米，臭氧（日最大 8 小时均值第 90 百分位）浓度为 123 微克/立方米。水质污染得到部分改善，吉林省 42 条江河的 88 个地表水国控断面中，Ⅰ—Ⅲ类水质断面比例达到 79.5%，比 2019 年上升了 9.4 个百分点；劣 V 类水质断面比例为 4.5%，比 2019 年下降了 5.8 个百分点。48 个国控考核断面中，Ⅰ—Ⅲ类水质断面比例达到 83.3%，比 2019 年上升了 14.5 个百分点，全面消除Ⅴ类、劣Ⅴ类水质断面。

根据《2020 年黑龙江省生态环境状况公报》，2020 年黑龙江省实施散煤污染治理“三重一改”攻坚行动，全省削减散煤 319.51 万吨，累计淘汰改造县级以上城市建成区 10 蒸吨及以下小锅炉 3 302 台，实现超低排放煤电机组 106 台，治理“散乱污”企业 1 454 家。对全省 653 家企业和 10 家化工园区进行危险废物专项整治，完成全省 4 606 家危险废物产生单位调查评估。这一系列举措使 2020 年黑龙江省大气环境质量保持优良水平，全省平均空气质量优良天数比例为 92.9%，全省平均空气质量重度及以上污染天数比例比 2019 年降低 0.2 个百分点，PM10、二氧化氮均值浓度分别降低 3 微克/立方米和 1 微克/立方米。酸雨频率为 0，与 2019 年持平，降水 pH 年均值为 7.08。水环境质量明显提升，全省 62 个国控考核断面优良水体比例为 74.2%。2020 年黑龙江全省土壤环境风险实现有效管控，受污染耕地、受污染地块安全利用率分别达到 92%、100%。

第二节 结构调整

根据《2020 年辽宁省国民经济和社会发展统计公报》，2020 年辽宁省全年地区生产总值约 25 115 亿元，其中第一产业增加值约 2 284 亿元，第二产业增加值约 9 400 亿元，第三产业增加值约 13 429 亿元。分经济类型看，全年规模以上国有控股企业增加值比 2019 年下降 0.5%，股份制企业增加值比 2019 年增长 2.6%，外商及港澳台商投资企业增加值比 2019 年增长 0.3%，私营企业增加值比 2019 年增长 12.6%。分门类看，全年规模以上采矿业增加值比 2019 年下降 0.6%，制造业增加值比 2019 年增长 1.8%，电力、热力、燃气及水生产和供应业增加值比 2019 年增长 3.6%。在规模以上工业中，装备制造业增加值占规模以上工业增加值的比重为 29.5%，石化工业增加值占规模以上工业增加值的比重为 24.1%，冶金工业增加值占规模以上工业增加值的比重为 17.5%，农产品加工业增加值占规模以上工业增加值的比重为 8.9%。从产品看，2020

年规模以上工业主要产品产量中，乙烯 355.7 万吨，民用钢质船舶 252.7 万载重吨，合成纤维单体 1 636.8 万吨，水泥 5 387.9 万吨，发动机功率 12 916.3 万千瓦，金属切削机床 2.8 万台，生铁 7 235.2 万吨，钢材 7 578.4 万吨，粗钢 7 609.4 万吨，十种有色金属 124.6 万吨，汽车 74.8 万辆，平板玻璃 4 682.7 万质量箱，发电量 2 051.1 亿千瓦·时，原油加工量 10 276.3 万吨，汽油 1 766.9 万吨，柴油 2 223.1 万吨，原煤 3 091.5 万吨，集成电路 7.4 亿块，城市轨道车辆 603 辆，稀土磁性材料 158.3 吨，光缆 732.9 万芯千米。

根据《吉林省 2020 年国民经济和社会发展统计公报》，2020 年吉林省全省实现地区生产总值 12 311 亿元，比 2019 年增长 2.4%。其中，第一产业增加值 1 553 亿元，占地区生产总值的比重为 12.6%；第二产业增加值 4 326 亿元，占地区生产总值的比重为 35.1%；第三产业增加值 6 432 亿元，占地区生产总值的比重为 52.3%。三次产业比例为 12.6∶35.1∶52.3。2020 年，吉林省全省工业增加值 3 501 亿元，保障经济实现可持续发展的基础不断夯实。全年规模以上工业中，六大高耗能行业增加值增长 4.9%，高技术制造业增加值增长 5.6%，装备制造业增加值增长 8.4%。分经济类型看，国有及国有控股企业增加值增长 8.6%，集体企业增加值增长 2.8%，外商及港澳台商投资企业增加值增长 7.8%。分门类看，采矿业增加值下降 1.7%，制造业增加值增长 8.3%，电力、热力、燃气及水生产和供应业增加值增长 3.3%。全年原油产量为 404.41 万吨，发电量为 1 018.83 亿千瓦·时，水泥产量为 1 991.14 万吨，钢材产量为 1 661.62 万吨。

根据《2020 年黑龙江省国民经济和社会发展统计公报》，2020 年，黑龙江省全省实现地区生产总值 13 698 亿元，比 2019 年增长 1.0%。第一产业增加值约 3 438 亿元，第二产业增加值约 3 483 亿元，第三产业增加值约 6 776 亿元，三次产业比例为 25.1∶25.4∶49.5。全省规模以上工业增加值增长 3.3%，规模以上工业企业 3 583 家，比 2019 年增长 9.6%。装备工业增加值增长 13.5%，其中，通用设备制造业增加值增长 38.7%，汽车制造业增加值增长 35.5%；石化工业增加值增长 10.5%。从产品产量看，锂离子电池 14 332 万只，化学药品原药 12 955 万吨，发电机功率 1 806 万千瓦，发动机功率 3 680 万千瓦，汽车用发动机功率 2 930 万千瓦，生物乙醇 50 万吨，汽车 71 691 辆，兽用疫苗 2 092 万瓶，铜金属含量 20 万吨。

第三节　技术进步

一、新一代信息技术赋能优势产业转型已取得显著成果

随着新一代信息技术的快速发展，东北三省传统制造业数字化转型正在成为产业转型升级、制造业高质量发展和新兴数字经济产业发展的重点和关键。2020 年，辽宁省通过多种措施不断推进产业数字化和数字产业化，积极发展数字经济，新一代信息技术对东北地区产业转型的作用日益凸显，推动传统产业转型升级和新兴产业加快发展。

2019 年，辽宁省发布了《辽宁省工业互联网创新发展三年行动计划（2020—2022 年）》，提出到 2022 年，初步建成工业互联网基础设施和产业体系，建成 5 个左右行业级、区域级标识解析二级节点，培育 15 家省级工业互联网平台和 3 家国家级双跨平台，上云企业达到 5 万家，建设 100 家“5G+工业互联网”示范工厂的发展目标，并制定加强技术创新、加快融合发展等 6 方面重点工作和 18 项具体措施。

2020 年，辽宁省省政府设立工业互联网专项资金，支持工业互联网网络、平台、安全体系建设和“5G+工业互联网”示范工厂等融合发展项目建设。为进一步明确以智能制造为主攻方向，提升制造业数字化、网络化、智能化发展水平，立项编制了《新一代信息技术与制造业融合发展行动方案（2021—2023）》。截至 2020 年年底，辽宁省全省开通 5G 基站 2 万多座，建成经营性数据中心近 70 座，接入企业 300 家，标识注册量达到 350 万，遴选出首批 15 个省级工业互联网平台，平台服务企业超 1.5 万户，连接工业设备近 10 万台。

二、10 万空分核心技术实现自主化突破

2020 年，沈阳鼓风机集团股份有限公司（以下简称“沈鼓集团”）设计、制造的十万空分压缩机组取得成功，在国家能源集团宁夏煤业有限责任公司 400 万吨/年煤炭间接液化示范项目中得到成功应用。400

万吨/年煤炭间接液化示范项目是“十二五”期间国家发改委核准建设的煤制油产业化示范项目。沈鼓集团为该项目提供了核心装备——十万空分压缩机组。沈鼓集团自主研发的制氧量达 10 万标准立方米的空分压缩机，全长达到 30 米，质量超过 470 吨，并于 2017 年实现了国产化，这不仅打破了制约行业发展的关键装备局限，使这项技术掌握在中国人自己手里，也让国外厂商的报价直接降低了一半，为 400 万吨/年煤炭间接液化示范项目提供了重要支撑。400 万吨/年煤炭间接液化示范项目还带动了一大批装备制造企业跻身国际一流行列，对支撑国家能源多元供给、保障能源安全具有重大战略和现实意义。

第四节　重点用能企业节能减排管理

一、沈阳鼓风机集团股份有限公司

沈鼓集团是我国重大技术装备行业的支柱型、战略型领军企业，长期以来突破了许多重大技术装备的研发和生产制造难关，集团占地 70 万平方米，现有员工 7 000 人，长期以来一直为我国石油、化工、空分、电力、冶金、环保、国防等行业重大工程项目提供关键装备。多年以来，沈鼓集团坚持技术创新、管理创新、人才体制创新和文化创新，不断实现重大装备国产化新突破，已具备国产百万吨乙烯压缩机组、千万吨炼油装置、十万空分压缩机、大型 PTA、大型 LNG、大型 MTO、大型长输管线压缩机、150 吨大推力往复压缩机，以及 AP1000 核主泵、核二级泵、核三级泵、国防海军装备用泵等重大技术装备研发制造能力，尤其是大型离心压缩机总体设计制造技术已达到国际先进水平。经过多年的发展，沈鼓集团拥有大型龙门铣、五坐标加工中心等大型高、精、稀设备 200 多台（套），进口数控机床设备 400 多台（套），高速动平衡机、五坐标测量仪、超声波探伤仪等先进检测设备 400 多台（套），形成了比较完备的研发制造平台，装备和制造能力达到国际先进水平。

长期以来，沈鼓集团始终把企业的可持续发展和绿色发展作为长期发展的战略方向，遵守国家发布的各项节能、环保等法律法规及要求，不断通过技术改造和管理措施降低企业能源及资源消耗，减少生产过程中的污染物产生和排放，积极开发高效绿色节能产品，推行全生命周期管理，实现了包括供应链在内的高效循环低碳生产制造。2020 年，沈鼓集团实现单位用地面积产值达到约 11 500 元/平方米，单位产品主要原材料消耗量 18 吨/台，单位产品废气产生量 1.2 万立方米/台，单位产品废水产生量 113 吨/台，工业固废综合利用率达到 90%，废水处理回收利用率 92%。

沈鼓集团积极开展绿色制造，建设绿色工厂，主要措施包括以下几项。

（一）制定绿色发展中长期规划

沈鼓集团近年来不断加大绿色发展工作力度，把绿色发展作为公司未来发展的战略方向，强化国家各项绿色环保节能等相关法律法规及要求标准，通过持续不断的技术改造和管理优化，降低能源及资源消耗，减少污染物和温室气体的产生和排放，积极开发高效绿色节能产品。2019 年，沈鼓集团制定了绿色工厂中长期发展规划。规划提出，绿色发展理念将成为公司领导及员工的普遍共识，绿色制造将成为公司增长新引擎和国际竞争新优势，绿色发展整体水平显著提升。

（二）多措并举推动绿色发展

一是力争单位产品综合能耗继续保持行业领先，产品在节能减排领域得到广泛应用，主要包括两方面的措施：通过提高资源利用效率，使单位产品能耗水平进一步下降；通过大幅提升智能制造水平，进一步提高先进适用生产技术工艺及装备普及率，使主要污染物排放量明显下降。二是贯彻“源头治理、减污增效”的工作理念。通过积极采用先进的环保工艺和技术，严格遵守和贯彻国家相关标准，努力减少污染物的产生和排放。三是加快研发绿色节能产品。沈鼓集团主要生产大型装备，产品能效水平的每次提升，都能在生产过程中大幅降低能源消费。沈鼓集团在产品设计中遵循“能源资源消耗最低化、生态环境影响最小化、可再生率最大化”原则，坚持不断地优化产品结构及方案，积极开发高能效、低排放绿色产品，通过加大节能减排领域产品的研发力度，为社会提供更多环保产品。四是积极创建绿色工厂。按照厂房集约化、原料无害化、生产洁净化、废物资源化、能源低碳化原则，开展绿色工厂创建工作。

（三）依靠精细化管理，切实做好节能降耗工作

1. 始终以“增产不增污、以新带老”的总量控制原则，加强对企业污染物的源头控制，污染物排放总量得到有效控制

沈鼓集团成立节能降耗专项整治督查工作组，在生产过程中严格执行能源消耗定额管理和水消耗定额管理，实施责任目标管理制度，针对重点耗能设备，持续推进节能降耗管理工作，通过不断挖掘节能降耗潜力，严格控制费用支出，实现企业节能降耗工作持续推进。

2. 通过技术改造改善生产现场作业环境，减少污染物排放

2019 年，沈鼓集团开始实施结构车间整体烟尘净化升级改造污染治理项目，投资 304 万元在结构车间厂房内安装 16 组分体式风幕循环除烟尘系统和送排风管道，该项目建设完成后，车间作业现场焊接烟尘收集处理效率由原来的不到 60%提升至 90%以上，大幅降低了对员工身体健康的危害和焊接烟尘的外排量，年消减颗粒物总量达 0.6 吨左右，有效解决了焊烟无组织排放污染问题。此外，实施伸缩式水幕喷漆房的改造工作，原有喷漆作业场所为干式喷漆房，喷漆过滤棉容易堵塞，地坑脏，更换过滤棉不方便，喷漆量大时极易造成漆雾的超标排放。通过引进伸缩式水幕喷漆房，苯、甲苯、二甲苯等油漆污染物的吸收效率得到大幅改善。此外，在产品制造流程中对部分部件进行表面处理，其间粉尘产生量大，除尘设备负荷大，通过实施喷砂工艺改造，从源头减少了操作中的粉尘产生量和排放量。

3. 实施公司污水“零排放”

沈鼓集团投资 1 000 多万元建设了“收集—处理—回用”完整的中水循环系统，污水处理采用生物接触氧化法工艺和全过程自动化控制，并设有在线监测仪器，实时显示关键数据和运行工况。经处理后的中水可用于设备冷却、产品试压、冲洗厕所、厂区绿化及冲洗路面等，实现了厂区污水“零排放”和水资源的循环利用。

4. 强化固废和危废管理

高度重视固废和危废管理，通过不断加强固废特别是危废的分类收

集、分类运输和分类处理，实现了固废资源化处理。在危废管理方面，严格执行转移联单审批制度，废机油、感光废液、油泥、漆渣等危废全部交由有资质的危废处置公司处置。对于加工过程中产生的大量乳化液，通过升级改造乳化液处理装置，实现了厂内产生、厂内处置，减少危废转运次数和数量，消除其在转运过程中的隐患。

（四）强化环境意识和环境管理，勇于承担社会责任

近年来，沈鼓集团领导始终高度重视环境保护工作，勇于承担社会责任，坚持走可持续发展道路，把可持续发展理念和环境保护意识融入企业文化建设中来，把“用高效低耗的生产方式奉献绿色环保产品”的环境战略上升为企业长期发展目标，通过宣传、教育、培训等多种措施，不断提升企业每个员工的思想意识水平和环境意识水平。沈鼓集团以“4・22”地球日、“6・5”世界环境日、节能减排宣传周为契机，利用网络、广播、报纸、环保宣传手册等形式对员工进行环保常识的普及，增强员工的环境保护意识。同时对新入职员工、调转岗位员工、中层以上领导等进行环保法律法规、日常环境行为等的专项培训，培训累计达 741 人次，培训合格率 100%。沈鼓集团还强化环保目标责任制、落实环保管理制度、实施环境管理体系贯标。例如，刊印《可持续发展报告》和《沈鼓集团社会责任报告——环境篇》，在沈鼓集团官方网站发布相关信息，接受各级电台、电视台采访等以多种形式进行社会宣传和信息公开，完善企业社会监督和舆论监督机制，有效提升了企业的社会形象。沈鼓集团还强调严格遵循国家法律法规和相关标准的实施，多年来未出现任何环保违法现象，从未接到群众投诉，履行了企业应尽的社会责任，并在企业环境信用等级评价活动中被评为最高绿色等级。

二、冀东水泥黑龙江有限公司

冀东水泥股份有限公司是北京金隅冀东控股的、以水泥为主业的上市公司，在收购了哈尔滨泉兴水泥有限公司的有效资产后，该公司组建了冀东水泥黑龙江有限公司，公司位于阿城区玉泉街道。公司设有现代化的产品质量检测室，配有 28 名专业检测人员，配有 55 台先进检测设备，对从原材料进厂到产品出厂都严格进行质量检测。

在绿色发展方面，冀东水泥黑龙江有限公司主要实施了如下具体措施。

（一）建立余热回收系统，实现余热发电

2011 年，公司投资 17.67 亿元建设一条 7 200 吨/年配套 12MW 纯低温余热发电的新型干法水泥生产线，年产水泥熟料 223.38 万吨，年产水泥 319 万吨，其中 PO42.5 水泥 159.5 万吨，PSA32.5R 水泥 159.5 万吨。纯低温余热发电装机功率 12MW，设计发电功率 11MW，年发电量 7 920 万千瓦·时，年供电量 7 317 万千瓦·时。

（二）水泥窑协同处置固废，实现产城融合

水泥窑协同处置固废，主要生产设备为一条直径为 5.4×82 米的新型干法水泥窑、4 台 JLMS-54.4 立式水泥磨、1 台 JLM-54.4 立式生料磨、1 台 JLM-46.4 立式生料磨、1 台 ZGM123G-11 立式煤粉磨，拥有自备矿山，开采作为熟料主要原料的石灰石，拥有均质化程度较高的预均化设施，装备先进的美国在线 γ 分析仪自动配料系统和中央微机可视控制系统。

（三）严格质量品质管理

经过不断发展，公司目前已经建成完善的质量管理体系、环境管理体系、职业健康和安全管理体系、能源管理体系、测量管理体系认证，严格按体系标准要求进行日常生产经营管控，保证产品品质和服务品质。

三、天方药业有限公司

天方药业有限公司（以下简称“天方药业”）是集科、工、贸为一体的大型综合性医药企业，主要从事中西药制剂、化学合成原料药和生物发酵原料药的生产及经营，2008 年 8 月成为中国通用技术集团控股子公司，2013 年与中国医药健康产业股份有限公司合并，成为中国医药旗下的上市子公司。天方药业以振兴民族医药产业为己任，一直致力于开发生产绿色、高效、安全的医药产品。天方药业拥有现代化的自主

研发中心和先进的科研设备，以不断的技术创新、高标准的生产管理控制引领行业的技术发展。

天方药业作为医药行业龙头企业，积极主持和参与制定相关行业标准，参与制定、修订国家及行业标准共 70 项，其中卫生标准有 25 项，化药标准有 45 项，现行的有 20 项，为制药行业绿色标准的制定奠定了良好的基础。天方药业依靠科技、管理双轮驱动，不断增强企业整体实力，同时积极推进绿色化改造和清洁生产，在相关认证方面，已通过 GMP 认证、ISO9001 认证、ISO14001 认证、ISO50001 认证及 OHSAS18001 认证等，连续多年被评为质量管理先进企业。天方药业具有先进的技术研发平台，生产装备及信息化、智能化绿色化系统应用处于国内先进水平，综合实力和规模已跻身同行业前列。

（一）贯彻绿色发展理念和组织管理

天方药业牢固树立“金山银山就是绿水青山”理念，按照“机械化、自动化、信息化、智能化和绿色化”的发展思路，从设计理念、原辅料使用、制造技术、制造过程、生活方式等多方面强化绿色化应用，坚持智能制造与绿色发展同频共振。加强绿色化设计及生产的组织领导，成立企业绿色发展领导小组，组建企业绿色设计中心，培训员工绿色设计与绿色生产理念和意识，建立健全企业绿色设计管理制度及评价机制。

（二）强调全生命周期绿色管理

为减少和避免污染物的排放，切实做到源头控制，天方药业从原材料选用、生产销售、使用、回收、处理等环节考虑，引入生态设计的理念，力求在产品生命周期内最大限度地降低资源消耗量，尽可能少用含有有毒有害物质的原材料，减少污染物的产生和排放。天方药业在企业内部长期、持续推行清洁生产，成立清洁生产审核小组，积极开展清洁生产审核工作，并对员工进行系统的清洁生产知识专题培训，加强公司全面宣传，确保全员参与。在项目施工建设中，严格按照环保“三同时”要求，选择先进的节能环保新工艺、新技术、新设备；原材料采购尽可能选择绿色清洁原料，尽量采用绿色包装材料，最大限度地避免或减少化学品使用，大幅降低废水和固废产生。此外，天方药业环保节能部联合专业技术公司组成专家组，对分厂目前资源能源利用、污染物排放情况进行诊断分析，针对生产过程中存在的资源能源浪费等问题，制定切实可行、经济、高效的清洁生产技术改造方案，并使其全部得到有效实施。

（三）开展绿色设计与制造一体化

在设计阶段，开展绿色设计，减少原材料的使用量和原料替代：克林霉素磷酸酯工艺中通过改变加料的顺序去除了氯仿；盐酸林可霉素新工艺采用树脂进行脱色，完全替代了辛醇；使用新型再生型两水相体系，实现了阿托伐他汀钙混合溶剂中正庚烷、四氢呋喃的分离与回收利用。在制造环节，积极研发及引进先进的废水、废气处理工艺，严控排放指标，针对行业内普遍存在的水资源消耗大的难题，研发中水回用技术，减少水资源消耗量，减少环境影响。在资源综合利用方面，对环保车间厌氧工序产生的沼气进行综合利用，配备了沼气发电机组，利用废水处理站厌氧反应产生的沼气进行发电。通过对空压机、中央空调的技术改造，节约了电力消耗，对发酵车间实施连续消毒控制，减少了蒸汽的使用。建设了一套热水回收系统，收集生产排出的蒸汽余热，经换热器与循环水进行冷热交换，用热水代替蒸汽加热进水，然后将冷凝回收的热水用管道输送至水站循环利用，节约了用水与蒸汽使用量。

（四）强化绿色环保基础设施建设

一是实施加强水处理基础设施建设，加强公司废水深度处理。天方药业积极研发、引进先进的废水处理工艺，严控排放指标，安装 COD、氨氮、总氮、总磷自动在线监测设备，与市生态环境局联网，保证数据的公正性。二是加强固废基础设施建设，加强一般固废、危废无害化处置，设置固废收集容器和危废储存场所，对固废严格分类放置。针对废水处理站产生的污泥，挤压后委托外部有资质的公司处置，不可回收固废统一交由环卫部门处理，发酵产生的滤渣经过干燥处理后委托有资质的单位处置，并与其签订危废处置合同，办理危废转移联单，危废处理率 100%。三是加强氯化建设，实施铺绿工程，抓好厂区园林花草绿化，增加绿地面积，提高绿化档次。

政　策　篇

第十四章

2020 年中国工业绿色发展政策环境

2020 年，我国工业领域积极贯彻新发展理念，坚持以供给侧结构性改革为主线，围绕加快建设现代化经济体系和推动高质量发展，通过结构调整、技术创新和财税金融政策支持，不断推动工业绿色高质量发展。

第一节　结构调整政策

一、服务型制造

2016 年，工信部、国家发改委、中国工程院联合印发了《发展服务型制造专项行动指南》，经过几年的积极探索实践，指南相关目标任务都已经圆满完成，我国发展取得了积极成效，发展水平明显提升，有效推动了我国生产方式和组织体系的变革，降低了生产成本，提高了制造业效益，有力支撑了我国制造业的高质量发展，对我国制造业的转型升级发挥了重要作用。2020 年是该指南指导期的最后一年，为进一步解决服务型制造发展中存在的问题，推动服务型制造深入发展，实现以发展服务型制造为突破口，推进先进制造业和现代服务业的深度融合，2020 年 7 月，工信部联合 15 个部委发布了《关于进一步促进服务型制造发展的指导意见》，提出服务型制造是制造与服务融合发展的新型制造模式和产业形态，是先进制造业和现代服务业深度融合的重要方向。

该指导意见提出，到 2022 年新遴选培育 200 家服务型制造示范企业、100 家示范平台（包括应用服务提供商）、100 个示范项目、20 个示范城市，服务型制造理念得到普遍认可，服务型制造主要模式深入发展，制造业企业服务投入和服务产出显著提升，示范企业服务收入占营业收入的比重达到 30%以上。支撑服务型制造发展的标准体系、人才队伍、公共服务体系逐步健全，制造与服务全方位、宽领域、深层次融合发展格局基本形成，对制造业高质量发展的带动作用更加明显。

到 2025 年，继续遴选培育一批服务型制造示范企业、平台、项目和城市，示范引领作用全面显现，服务型制造模式深入应用。培育一批掌握核心技术的应用服务提供商，服务型制造发展生态体系趋于完善，服务提升制造业创新能力和国际竞争力的作用显著增强，形成一批服务型制造跨国领先企业和产业集群，制造业在全球产业分工和价值链中的地位明显提升，服务型制造成为制造强国建设的有力支撑。

二、绿色产业指导目录

2019 年 3 月，国家发改委、工信部、自然资源部、生态环境部、住房和城乡建设部、中国人民银行、国家能源局联合印发了《绿色产业指导目录（2019 年版）》。该目录针对绿色产业边界不清晰、概念泛化、标准不一、监管不力等问题进行了规范和厘清，将绿色产业划分为节能环保产业、清洁生产产业、清洁能源产业、生态环境产业、基础设施绿色升级、绿色服务 6 大类、211 个小类。该目录对制定绿色产业的投资、价格、金融等支持政策，制定绿色产业标准、开展绿色产业认定等工作提供了支撑和基础，有助于发展绿色产业、推进绿色发展、加强生态文明建设。

三、绿色产业示范基地建设

2020 年 7 月，国家发改委办公厅发布了《关于组织开展绿色产业示范基地建设的通知》，提出到 2025 年，绿色产业示范基地建设取得阶段性进展，培育一批绿色产业龙头企业，基地绿色产业集聚度和综合竞争力明显提高，绿色产业链有效构建，绿色技术创新体系基本建立，基础设施和服务平台智能高效，绿色产业发展的体制机制更加健全，对全国绿色产业发展的引领作用初步显现。

绿色产业示范基地建设的主要任务措施包括以下几项。

（一）推动绿色产业集聚

根据《绿色产业指导目录（2019 年版）》，进一步明确绿色产业示范基地主导产业，不断提高绿色产业集聚度，扩大绿色产业规模。加快推进原有存量绿色产业转型升级，大力培育绿色产业增量，促进各项生产要素投向绿色产业。

（二）提升绿色产业竞争力

积极培育拥有自主品牌、掌握核心技术、市场占有率高、引领作用强的绿色产业龙头企业，支持符合条件的绿色产业企业上市融资。推进绿色产业链延伸，促进绿色产业基地上下游企业协同发展。挖掘产业关联性，推动企业间物质交换利用、能源梯级利用，加强产业协同效应。

（三）构建技术创新体系

积极构建市场导向的绿色技术创新体系，加强绿色技术和绿色产业协同创新，强化企业创新主体地位，加大对企业绿色技术创新的支持力度，推进产学研深度融合。支持龙头企业整合创新资源，建立绿色技术创新联合体、绿色技术创新联盟，强化绿色核心技术攻关，促进技术成果转化推广。

（四）打造运营服务平台

强化基础设施共建共享，推动绿色产业示范基地公共基础设施建设。推进土地资源节约集约利用，支持园区探索功能混合布局和复合开发，促进产城融合。积极开展能源托管服务、环境污染第三方治理等模式，推广整体式、全过程服务。提高园区管理信息化、可视化、精准化水平，构建能耗监测与预警、资源智能化管理、污染源全流程管理系统。

（五）完善政策体制机制

围绕绿色产业示范基地建设，创新政府引导产业集聚方式，大力推进绿色产业招商。严格实行产业准入管理，建立绿色招商引资准入门槛。加强对安全、行政、金融、财税等园区管理工作的改革创新，落实好国家和地方支持绿色产业发展的政策措施。加强信息沟通，宣讲绿色产业政策，畅通企业意见诉求渠道。强化专业咨询，聘请第三方研究机构提供智力支持和跟踪辅导。

第二节　绿色发展技术政策

一、建设完善绿色标准体系

（一）工业节能相关标准

2020 年，我国发布工业节能相关标准 3 项，包括《用能单位能耗在线监测技术要求》《综合能耗计算通则》《林业企业能耗测试与计算方法》，如表 14-1 所示。

表 14-1　2020 年发布的工业节能相关标准

序号	标准编号	标准名称
1	GB/T 38692—2020	用能单位能耗在线监测技术要求
2	GB/T 2589—2020	综合能耗计算通则
3	GB/T 23899—2020	林业企业能耗测试与计算方法

数据来源：国家标准化管理委员会。

（二）能效标准

2020 年，我国发布工业产品能效相关标准 4 项，如表 14-2 所示。

表 14-2　2020 年发布的工业产品能效相关标准

序号	标准号	标准名称
1	GB 20052—2020	电力变压器能效限定值及能效等级
2	GB 24500—2020	工业锅炉能效限定值及能效等级
3	GB 24850—2020	平板电视与机顶盒能效限定值及能效等级
4	GB 39177—2020	电压力锅能效限定值及能效等级

数据来源：国家标准化管理委员会。

（三）用水定额

为深入推进节约用水工作，2020 年水利部联合工信部制定了八项用水定额标准：《工业用水定额：水泥》《工业用水定额：建筑卫生陶瓷》《工业用水定额：平板玻璃》《工业用水定额：预拌混凝土及水泥制品》《工业用水定额：有机硅》《工业用水定额：赖氨酸盐》《工业用水定额：乳制品》《工业用水定额：化学制药产品》。

二、推广重点节能减排技术

（一）《国家工业节能技术装备推荐目录（2020）》

2020 年 10 月，为加快高效节能技术装备的推广应用，引导绿色生产和消费，工信部组织编制了《国家工业节能技术装备推荐目录（2020）》，工业节能技术部分包括流程工业节能改造技术、余热余压节能改造技术、重点用能设备系统节能技术、能源信息化管控技术及其他工业节能技术；节能装备部分包括工业锅炉、变压器、电动机、泵、压缩机、风机、塑料机械、拖拉机。

（二）重点用水企业水效“领跑者”

2020 年 1 月，为贯彻落实《国家节水行动方案》，促进工业用水效率持续提升，按照《重点用水企业水效领跑者引领行动实施细则》要求，工信部组织开展了 2020 年度重点用水企业水效“领跑者”遴选工作。综合考虑企业取用水规模、技术工艺水平及发展趋势、节水潜力，以及企业用水计量、节水设备、标准等，2020 年度遴选的对象主要是钢铁、炼焦、石油炼制、现代煤化工、乙烯、氯碱、氮肥、造纸、纺织染整、化纤长丝织造、啤酒、味精、氧化铝、电解铝 14 个行业。

2020 年 10 月，为贯彻落实《国家节水行动方案》，持续提升工业用水效率，按照《关于组织开展 2020 年重点用水企业水效领跑者遴选工作的通知》（工信厅联节函〔2019〕288 号）要求，工信部、水利部、国家发改委、国家市场监督管理总局组织开展了 2020 年重点用水企业水效“领跑者”引领行动，遴选出 30 家具备引领示范和典型带动效应的水效“领跑者”。水效“领跑者”称号自发布之日起有效期 2 年。水效“领跑者”企业应使用统一的水效“领跑者”标识。鼓励各省、自治区、直辖市相关部门研究出台支持鼓励政策，广泛开展水效对标达标活动，推动制造业绿色高质量发展。

（三）第五批绿色制造名单

2020 年 10 月，工信部发布第五批绿色制造名单，其中，绿色工厂 719 家，绿色设计产品 1 073 种，绿色工业园区 53 家，绿色供应链管理企业 99 家。

（四）《“能效之星”产品目录（2020）》

2020 年 10 月，工信部发布了《“能效之星”产品目录（2020）》，目录涵盖了终端消费品类产品和工业装备产品共 201 项，其中终端消费品类产品包括电动洗衣机、热水器、空气净化器、房间空气调节器、家用电冰箱、电饭锅、微波炉、吸油烟机等 8 大类 19 种类型 135 个型号的消费类产品，具体有电动洗衣机 4 个型号产品、热水器 19 个型号产品、空气净化器 32 个型号产品、房间空气调节器 16 个型号产品、家用电冰箱 47 个型号产品、电饭锅 1 个型号产品、空气净化器两个型号产品、吸油烟机 14 个型号产品；工业装备产品 7 大类 66 个型号产品，具体包括工业锅炉 8 个型号产品、变压器 17 个型号产品、电机 6 个型号产品、泵 10 个型号产品、压缩机 10 个型号产品、风机 9 个型号产品、塑料机械 6 个型号产品。

（五）2020 年重点用能行业能效“领跑者”企业名单

按照《工信部办公厅 市场监管总局办公厅关于组织开展 2020 年度重点用能行业能效“领跑者”遴选工作的通知》（工信厅联节函〔2020〕234 号）要求，工信部、国家市场监督管理总局组织开展了钢铁、铁合金、电解铝、铜冶炼、铅冶炼、水泥、平板玻璃、原油加工、乙烯、合成氨、甲醇、烧碱、电石、焦化行业能效“领跑者”遴选工作，遴选出 65 家达到行业能效领先水平的“领跑者”企业。

（六）《2020 年工业节能监察重点工作计划》

2020 年 1 月，为贯彻落实《节约能源法》和《工业节能管理办法》，发挥节能监察的监督保障作用，提高工业能效和绿色发展水平，助推工业经济高质量发展，工信部发布《2020年工业节能监察重点工作计划》。该计划依据强制性节能标准，突出抓好重点用能企业、重点用能设备的节能监管，推进重点行业、区域工业能效水平提升，实施国家重大工业专项节能监察。主要包括以下五个方面的工作。

1. 重点高耗能行业能耗专项监察

按照“十三五”高耗能行业节能监察全覆盖的安排，对炼油、对二甲苯、纯碱、聚氯乙烯、硫酸、轮胎、甲醇等石化行业，金冶炼、稀土冶炼加工、铝合金、铜及铜合金加工等有色金属行业，建筑石膏、烧结墙体材料、沥青基防水卷材、岩棉、矿渣棉及其制品等建材行业，糖、啤酒等轻工行业等细分行业的重点用能企业开展强制性单位产品能耗限额标准执行情况专项监察。

2. 阶梯电价政策执行专项监察

按照《关于运用价格手段促进钢铁行业供给侧结构性改革有关事项的通知》（发改价格〔2016〕2803号）、《关于水泥企业用电实行阶梯电价政策有关问题的通知》（发改价格〔2016〕75号）、《关于电解铝企业用电实行阶梯电价政策的通知》（发改价格〔2013〕2530号）的要求，对钢铁、水泥、电解铝企业能耗情况进行专项监察。重点监察2019年监察中发现的能耗超标违规企业。对监察发现的违规企业会同当地价格主管部门进行公示，无异议的依法依规执行阶梯电价政策。

3. 重点用能产品设备能效提升专项监察

依据相关国家强制性能效标准，对电机、风机、空压机、变压器、泵等重点用能产品设备使用企业实施专项监察，核查设备台账，会同有关部门依法督促企业淘汰达不到强制性能效标准限定值的低效产品。

4. 数据中心能效专项监察

依据《关于加强绿色数据中心建设的指导意见》（工信部联节〔2019〕24号），继续对纳入重点用能单位管理的数据中心进行专项监察。按照《数据中心资源利用第3部分：电能能效要求和测量方法》（GB/T 32910.3—2016）等标准，核算电能使用效率实测值，检查能源计量器具配备情况。

5. 2019 年违规企业整改落实情况专项监察

对 2019 年专项节能监察中发现的能耗超限额企业和其他违反节能法律法规的企业进行“回头看”，对下达的限期整改通知书落实情况进行监察，对未按照要求整改或整改不到位的，依法依规进行处理。

三、两化融合

2020 年 3 月，工信部、国家机关事务管理局和国家能源局联合发布《关于加强绿色数据中心建设的指导意见》（工信部联节〔2019〕24 号），提出到 2022 年，数据中心平均能耗基本达到国际先进水平，新建大型、超大型数据中心的电能使用效率值达到 1.4 以下，高能耗老旧设备基本淘汰，水资源利用效率和清洁能源应用比例大幅提升，废旧电器电子产品得到有效回收利用。该文件提出五项重点任务：一是通过强化绿色设计提升新建数据中心绿色发展水平，最大限度地节约能源资源，减少对环境的负面影响，实现节能、节地、节水、节材和环境保护；二是完善绿色运行维护制度，加快高耗能设备淘汰，试点梯次利用动力电池作为数据中心削峰填谷的储能电池，加快废旧电器电子产品资源化利用；三是加快先进适用绿色技术产品在数据中心的推广应用；四是提升绿色支撑服务能力；五是鼓励数据中心和节能服务公司拓展合同能源管理，研究节能量交易机制，探索绿色数据中心融资租赁等金融服务模式。

2020 年 10 月，为加快绿色数据中心先进适用技术产品的推广应用，推动数据中心节能与绿色发展水平持续提升，工信部组织开展了绿色数据中心先进适用技术产品筛选工作，遴选产生了《国家绿色数据中心先进适用技术产品目录（2020）》，涉及能源、资源利用效率提升，可再生能源利用、分布式供能和微电网建设，废旧设备回收处理、限用物质使用控制，绿色运维管理 4 个领域 50 项技术产品。

第三节　绿色发展价格与金融政策

一、价格政策

2020 年 7 月，国家发改委、国家能源局发布了《关于公布 2020 年风电、光伏发电平价上网项目的通知》，明确了根据《国家发展和改革委员会 国家能源局关于积极推进风电、光伏发电无补贴平价上网有关工作的通知》（发改能源〔2019〕19 号）、《国家能源局关于 2020 年风电、光伏发电项目建设有关事项的通知》（国能发新能〔2020〕17 号）要求，结合各省级能源主管部门报送信息，2020 年风电平价上网项目装机规模 1 139.67 万千瓦，光伏发电平价上网项目装机规模 3 305.06 万千瓦。2019 年第一批和 2020 年风电、光伏发电平价上网项目须于 2020 年年底前核准（备案）并开工建设，除并网消纳受限原因外，风电项目须于 2022 年年底前并网，光伏发电项目须于 2021 年年底前并网。国家能源局将按年度梳理并公布在规定时限内并网的风电、光伏发电平价上网项目，未在规定时限内并网的风电、光伏发电平价上网项目将从 2019 年第一批和 2020 年风电、光伏发电平价上网项目清单中移除。该通知提出按项目核准时国家规定的当地燃煤标杆上网电价与风电、光伏发电平价上网项目单位签订长期固定电价购售电合同（不少于 20 年）。

二、绿色金融政策

2020 年 7 月 14 日，首个国家级绿色投资基金——国家绿色发展基金在上海成立。国家绿色发展基金由财政部、生态环境部、上海市人民政府三方发起成立，旨在采取市场化方式，发挥财政资金的带动作用，引导社会资本支持环保产业。国家绿色发展基金希望通过充分运用政府与市场的双轮驱动，有效激励更多金融机构和社会资本开展绿色投融资，解决绿色环保产业的资金瓶颈问题，最终成为中国金融支持实体经济发展的有效路径。

2020 年 7 月 8 日，中国人民银行、国家发改委、中国证券监督管理委员会（以下简称证监会）共同发布了《绿色债券支持项目目录（2020 年版）》（征求意见稿）。新版目录实现了国内绿色债券市场在支持项目和领域上的统一，删除了化石能源清洁利用相关的类别，更加严格地界定了部分项目的标准，并将现有政策文件的适用范围相互衔接起来，通过建立绿色项目分类标准体系，进一步细化绿色项目的范畴和类型，有助于实现国内绿色债券市场在支持项目和领域上的统一，这是绿色金融标准工作的一项重大突破。

2020 年 7 月 21 日，中国人民银行印发了《银行业存款类金融机构绿色金融业绩评价方案》（征求意见稿），该方案更新了 2018 年 7 月发布的《关于开展银行业存款类金融机构绿色信贷业绩评价的通知》，把银行绿色金融的考核范围由之前的绿色信贷延伸到绿色债券，同时绿色金融业绩评价结果被纳入央行金融机构评级，银行绿色金融业绩评价结果由“纳入 MPA 考核”拓展为“纳入央行金融机构评级”，绿色贷款升级为绿色金融，并将实现对评价结果应用场景的重要扩展，方案还进一步加强了对银行开展绿色金融业务的激励约束机制。总体看，我国金融管理和监管机构开始更加适应绿色金融发展的大趋势，促进我国银行类绿色金融制度的进一步完善。

2020 年 10 月 26 日，生态环境部、国家发改委、中国人民银行、银保监会、证监会五部委联合发布了《关于促进应对气候变化投融资的指导意见》，这是自碳中和目标提出后我国发布的首份关于气候变化的部委级文件。这一文件为金融业开展环境和气候风险分析、企业披露环境和气候信息提供了政策规范。

2020 年，重庆农商行、绵阳市商业银行、贵州银行先后宣布采纳赤道原则，中资赤道银行扩容至 6 家。赤道原则是全球比较成熟的国际标准、流程和方法论，包含了近些年来发达国家在项目融资及相关贷款业务方面领先的银行的诸多实践经验，纳入赤道原则可以降低和缓释金融机构在融资项目中的环境与社会风险，推动银行管理水平向国际领先水平看齐，更有利于银行树立良好形象，拓展全球业务，但同时也意味着金融机构要遵循更加严格的国际标准。

2020 年 11 月 5 日，深圳市正式发布了《深圳经济特区绿色金融条例》，自 2021 年 3 月 1 日起施行。这是全国首部绿色金融领域的法规，该条例进一步明确了深圳市金融机构和绿色企业的主体责任，规定了政府部门和中央驻深金融监管机构的监督管理措施。该条例对金融机构的环境信息披露做出了明确要求。

第十五章

2020 年中国工业节能减排重点政策解析

第一节 《2020 年版工业节能诊断服务指南》政策解析

工信部 2020 年 8 月发布了《2020 年版工业节能诊断服务指南》(以下简称《服务指南》)，规范了工业节能诊断服务的标准和要求，对加快推进工业节能诊断服务工作、提升服务质量具有重要作用，同时编制印发了钢铁、水泥、电子、纺织、食品、造纸 6 个重点行业节能诊断服务指南。

一、发布背景

工业领域“十三五”时期以来通过健全节能政策法规、完善节能标准体系、推动节能技术改造、强化节能监管，企业能效水平持续提升，部分行业企业的能效水平达到国际先进水平。受技术力量、节能意识、管理体系等因素影响，我国不同地区、行业间企业能效水平还存在较大差距，企业迫切需要节能降耗、降本增效。为支持企业深挖节能潜力、满足企业节能需求、持续提升工业能效水平、推动工业绿色发展，工信部在 2019 年 5 月印发了《工业节能诊断服务行动计划》(工信部节〔2019〕101 号，以下简称《行动计划》)，每年对 3 000 家以上重点企业实施节能诊断服务，并培育壮大了一批节能诊断服务机构。

为落实《行动计划》，指导服务机构规范、科学地为企业实施节能诊断服务，帮助企业发现用能过程中存在的问题，挖掘节能潜力，提升能源综合利用效率和管理水平，实现降本增效的目的，依据《中华人民共和国节约能源法》《国家重点节能技术推广目录》《节能机电设备（产品）推荐目录》《国家工业节能技术装备推荐目录》等相关法律法规和政策文件，参照《工业企业能源管理导则》（GB/T 15587—2008）《综合能耗计算通则》（GB/T 2589—2020）《能源管理体系要求及使用指南》（GB/T 23331—2020）《用能单位能源计量器具配备和管理通则》（GB 17167—2006）等相关标准规范，工信部制定了《服务指南》。

二、政策要点及解析

《服务指南》规定了工业企业节能诊断的原则要求、服务程序及各阶段任务，指导节能服务公司、节能技术装备供应商等市场化机构，根据《行动计划》及相关文件精神，按照有关服务合同的约定，为钢铁、石化、建材、化工、有色金属、机械、电气、纺织、轻工、电子等行业企业实施节能诊断服务，并向工业节能主管部门上报节能诊断数据，提交节能诊断报告。对已形成行业配套的节能诊断服务指南或技术标准的，以行业指南和标准为准开展工作。服务机构为目标企业实施节能诊断服务的程序包括前期准备阶段、诊断实施阶段和报告编制阶段三个阶段。

（一）前期准备阶段

首先，明确诊断任务，并根据服务合同要求，结合企业实际需求，明确节能诊断的深度要求、范围边界及统计期。节能诊断的范围边界可以只涉及部分分厂或生产车间，也可以覆盖企业全部生产工艺过程。节能诊断按深度要求可以结合行业和企业特点对指定工艺流程、工序环节、用能系统、技术装备等开展专项诊断，也可以只完成《服务指南》提出的通用基础诊断。其次，组建诊断团队，根据企业所在地区、所属行业及诊断任务情况，组建诊断团队，配备相关专家。诊断团队应包括至少一名企业人员，可以是能源管理人员、企业负责人、财务人员、有关技术人员等。再次，确定诊断依据，根据企业所在地区、所属行业及诊断任务情况，确定诊断依据，包括国家和地方相关法律法规和产业政策、节能技术和装备（产品）推荐目录、用能和节能相关标准规范等。

最后，编制工作计划，结合企业实际生产经营情况，根据诊断任务要求，编制节能诊断工作计划，明确诊断服务的主要内容、任务分工及进度要求。

（二）诊断实施阶段

首先，开展动员与对接，向企业宣贯节能诊断服务对实现降本增效的意义，并做出保障数据和信息安全的自律要求。组织企业和诊断团队进行对接，向参与诊断团队的企业人员明确相关责任、部署工作任务。其次，收集相关资料，根据诊断任务和工作计划，收集企业能源利用、生产经营等相关资料，主要包括企业概况、生产工艺和装备情况、能源管理情况、能源计量和统计情况、主要能耗指标情况、能源消费和能源平衡情况、节能技术应用情况及效果、过往节能诊断/能源审计/能源利用状况报告等。再次，实施能源利用诊断，重点核定企业能源消费构成及消费量，分析能源损失及余热余能回收利用情况，核算企业综合能耗，分析企业能量平衡关系。接下来，实施能源效率诊断，重点核算企业主要工序能耗和单位产品综合能耗，评估主要用能设备能效水平和实际运行情况，核查重点先进节能技术应用情况。最后，实施能源管理诊断，重点核查企业能源管理组织构建和责任划分、能源计量器具配备与管理、能源管理制度建立及执行、能源管理中心建设和信息化运行、节能宣传教育活动开展等情况。

（三）报告编制阶段

诊断工作完成后，基于诊断结果分析企业节能潜力，提出改造建议，编制《企业节能诊断报告》。首先，汇总诊断结果。以图表的形式汇总能量利用、能源效率和能源管理三部分诊断的信息及数据结果，主要包括《企业能源消费指标汇总表》《企业节能技术应用统计表》《企业工艺设备统计表》《企业能源计量器具配置和使用情况统计表》《企业能源管理制度建设和执行情况统计表》等。其次，分析节能潜力。基于节能诊断结果，采用标准比对法、问题切入法、先进对照法、能源因素法、专家经验法等方法，客观评价企业能源利用总体水平，全面分析能效提升和节能降耗潜力，包括：能源损失控制、余热余能利用方面的节能潜力；

工艺流程优化、生产组织改进方面的节能潜力；用能设备升级或运行优化控制方面的节能潜力；能源管理体系完善或措施改进方面的节能潜力；能源结构调整、能源系统优化方面的节能潜力等。最后，提出节能改造建议。结合企业实际情况，从工艺优化、装备升级、技术改造、管理提升等方面提出节能改造建议，对各项改造措施的预期节能效果和经济效益进行综合评估。

三、重点行业节能诊断服务指南

《服务指南》为工业企业可通用的，为进一步指导重点行业开展节能诊断服务，工信部还编制发布了钢铁、水泥、电子、纺织、食品、造纸 6 个重点行业节能诊断服务指南，重点行业节能服务指南的节能诊断执行程序一样，在具体细节方面根据行业的不同有所差异，下面以钢铁、水泥、纺织行业为例进行分析。

（一）钢铁行业

钢铁企业进一步明确了节能诊断涉及的能源种类应包括煤炭、焦炭、电力、天然气、水，以及通过加工转换而取得的高炉煤气、转炉煤气、焦炉煤气、氢气、氧气、氮气、氩气、压缩空气、蒸汽、余热及非余热的余能等。

在节能诊断团队成员方面，提出应包括钢铁主生产工艺（指焦化、烧结、球团、炼铁、炼钢、轧钢专业）人员和电力、燃气、热力相关专业人员。

在分析钢铁企业的节能潜力时，从以下 5 个方面开展：一是分析并汇总炼铁、炼钢、轧钢等各主生产工艺在生产结构、工艺流程完善、装备改造升级、原燃料条件等方面存在的节能潜力；二是分析并汇总燃气、热力、电力等辅助生产工序在能源介质平衡、余热余能利用、设备改造升级等方面存在的节能潜力；三是分析企业在能源管控信息化提升、能源管理体系完善等方面存在的节能潜力；四是分析企业在落后设备淘汰更新方面存在的节能潜力；五是分析企业在能源结构调整、能源系统优化等方面存在的节能潜力。

（二）水泥行业

水泥行业能源利用诊断的重点在于核定企业能源消费构成及消费量，分析能源损失及余热余能回收利用情况，核算企业的综合能耗，分析企业能量平衡关系等。一是能源消耗量诊断，水泥生产企业的主要能源消耗为原煤和电力，辅助能源为汽油和柴油。二是能源损失及余热余能回收利用情况，依据水泥生产企业提供的有关技术资料，参照《工业余能资源评价方法》（GB/T 1028—2018）等标准规范，结合必要时进行的现场检查，分析企业能源损失及余热余能回收利用情况。水泥生产企业能源损失主要包括：熟料带走热、出预热器废气带走热、系统表面散热等。余热余能回收利用情况主要是余热发电等情况，废气余热可用于发电、烘干原燃料等。三是能源消耗计算，基于已核定的企业能源消费构成及消费量、能源损失和余热余能回收利用量，根据企业提供的分品种能源折合标准煤系数、能源热值测试报告等资料，参照《综合能耗计算通则》（GB/T 2589—2020）等标准规范，核算企业的综合能耗和综合能源消费量。四是能源平衡分析参照《企业能量平衡通则》（GB/T 3484—2009）等标准规范，分析企业能量平衡关系，从能源采购、转换、输送、终端利用等环节分析能源利用的合理性。

实施能源利用效率诊断，参照《水泥单位产品能源消耗限额》（GB 16780—2012）等标准规范，重点核算企业主要工序能耗和单位产品综合能耗，评估主要用能设备能效水平和实际运行情况，检查重点先进节能技术应用情况。

在分析水泥企业的节能潜力时，从以下5个方面全面分析能效提升和节能降耗潜力：一是分析能源损失控制、余热余能利用的节能潜力；二是分析用能设备升级或运行优化控制的节能潜力；三是分析能源管理体系完善或措施改进的节能潜力；四是分析工艺流程优化、生产组织改进的节能潜力；五是分析能源结构调整、能源系统优化的节能潜力。

（三）纺织行业

纺织行业能源利用诊断的重点在于核定企业能源消费构成及消费量，分析能源损失及余热余能回收利用情况，核算企业综合能耗，分析企业能量平衡关系。企业能源评审可结合能源流向图、能源网络图、能源平衡表等进行。一是依据企业提供的各能源品种、耗能工质月度与年度统计报表、成本报表等资料，结合必要时进行的现场抽检，核定企业能源消费构成及各能源品种、耗能工质消费量。二是对企业耗能设备和系统进行详细的考察、测试和分析，以评价耗能设备和系统的能源利用状况。例如，对空压机、变压器、送风系统、供电线路等进行检测，分析风管的设置和供气管道走向是否合理等，以及企业提供的有关技术资料。三是基于已核定的企业能源消费构成及消费量、能源损失和余热余能回收利用量，根据企业提供的分品种能源折合标准煤系数、能源热值测试报告等资料，参照《综合能耗计算通则》（GB/T 2589—2020）等标准规范，核算企业的综合能源消耗和综合能源消费量。四是对企业和用能部门的能源消耗数据进行分析，从而发现存在的问题。五是诊断涵盖能源消耗静态因素和相关变量影响，综合能源消耗统计分析指标尽量归一化分析，便于识别能源绩效改进机会。六是可采取专家判断法实施能源诊断，专家团队在现场查看设备、工艺流程、技术、管理等情况，现场判断企业采用的设备、技术、工艺、材料等是否先进节能。

实施能源利用效率诊断，重点核算企业主要工序能耗和单位产品综合能耗，评估企业能源利用效率、工序或车间能源利用效率、主要用能设备能效水平和实际运行情况，核查重点先进节能技术应用情况等。

第二节　《京津冀及周边地区工业资源综合利用产业协同转型提升计划（2020—2022 年）》政策解析

工信部 2020 年 7 月印发了《京津冀及周边地区工业资源综合利用产业协同转型提升计划（2020—2022 年）》（工信部节〔2020〕105 号，以下简称《提升计划》），该计划出台后，受到了社会的广泛关注。

一、发布背景

京津冀及周边地区（北京、天津、河北、山西、内蒙古、山东、河南）钢铁、煤电、化工等重化工业集聚，工业固废和废旧物资产生量大，综合利用具有较大潜力。据统计，2017年北京、天津、河北、内蒙古、山西、山东、河南七省市（区）一般工业固废产生量约为13.7亿吨，占全国工业固废产生量的41%；废钢铁、废塑料、废纸、废旧电器电子产品等主要再生资源回收利用量约1.5亿吨，占全国的41%左右。

2014年国家实施京津冀协同发展战略，2015年工信部启动了《京津冀及周边地区工业资源综合利用产业协同发展行动计划（2015—2017年）》，京津冀区域工业资源综合利用产业与生态协同发展取得积极成效，建设了承德、招远、朔州、鄂尔多斯等一批工业固废综合利用基地，固废制备新型建材等产业快速发展。河北、天津、山东等地再生资源产业集聚效应显现，形成了废塑料、废金属等再生资源回收利用集聚区。实施了44项区域产业协同示范工程项目，北京金隅、河北鑫联环保、天津绿色再生、内蒙古亿利、山西天元绿环、山东泰山石膏等一批骨干企业不断壮大，产业集中度明显提升，促进了资源综合利用产业的跨区域协同发展和有序转移。支持河北睿索固废工程技术创新中心、山西朔州北京大学粉煤灰综合利用研发中心等一批技术创新平台建设，有效支撑产业发展。三年累计利用工业固废量约22亿吨，再生资源回收利用量达3.3亿吨，取得了较为显著的资源环境效益和经济社会效益。

当前，京津冀及周边地区正处于实现工业绿色发展的攻坚阶段，资源综合利用产业面临着重要历史机遇，但区域协同不充分，产业发展不平衡，产业集中度还有待进一步提高，综合利用项目同质化等问题仍普遍存在。从战略全局的高度推动京津冀及周边地区工业资源综合利用产业协同转型升级，是培育绿色新动能、推动区域高质量发展的重要抓手，是落实京津冀协同发展战略的重要内容，对于解决城乡建设沙石料短缺重大民生问题、改善区域生态环境质量具有重要的现实意义。

二、政策要点

（一）发展目标

《提升计划》提出到2022年，主要再生资源回收利用量达到1.5亿吨，区域年综合利用工业固废量达到8亿吨，产业总产值突破9 000亿元，形成30个特色鲜明的产业集聚区，建设50个产业创新中心，培育100家创新型骨干企业。区域协同机制较为完善，基本形成大宗集聚、绿色高值、协同高效的资源循环利用产业发展新格局。

（二）指导思想

牢固树立新发展理念，发挥市场主体作用，坚持创新引领、突出重点、协同融合，聚焦典型固废，以技术支撑、模式创新、基地建设和龙头企业培育为抓手，推动区域工业资源综合利用产业高质量发展，把京津冀及周边地区打造成工业资源综合利用产业集聚发展示范区、区域协同发展试验区、产城融合发展典范区。

1. 创新引领、绿色发展

加强科技创新、商业模式创新和政策机制创新，完善成果转化机制，优化资源配置。以绿色循环低碳发展为导向，充分发挥区位优势，打造工业资源综合利用绿色产业链，有效提升区域生态环境质量。

2. 突出重点、产业集聚

以产业基地和园区为载体，重点推动冶金、煤电、化工等典型产业废弃物综合利用和主要再生资源回收利用，形成对区域经济发展有重要带动作用的产业集群，全面促进产业协同转型。

3. 企业主体、市场引导

充分发挥市场配置资源的基础性作用，培育一批创新能力强、综合利用率高、区域辐射带动大、规模效益显著的资源综合利用领跑企业，激发创新活力，大力提升产业链水平，培育绿色发展新动能。

4. 区域协同、融合共生

着力完善区域协同机制，把握区域特大型工业城市集中、重化工产业集聚、环境承载力弱的突出特征，引导发挥比较优势，推动资源要素合理配置，促进工业资源综合利用产业与城乡发展、生态环境协调共生。

（三）重点任务

1. 协同利用工业固废制备沙石骨料

充分利用京津冀及周边地区尾矿、废石等存量工业固废资源，以承德、张家口、唐山等地为重点，建设一批利用尾矿、废石等固废制备沙石骨料、干混砂浆等的绿色沙石骨料基地。采用“公转铁”专列、新能源汽车运输等条件，保障京津冀重大工程建设的沙石骨料供应和质量，保障京津冀区域基础设施建设的常规沙石骨料供应。

2. 推进大宗冶金与煤电固废协同利用

在河北、河南、山西、山东、内蒙古等地冶金和煤电产业集中地区，建设10个以上协同利用冶金和煤电固废制备全固废胶凝材料、混凝土、路基材料等的生产基地，推动钢铁、建材、煤电、化工等产业融合共生。解决制约区域经济社会可持续发展的工业固废产生与堆存难题。

3. 壮大工业固废高值化利用产业规模

在河北、山东开展冶金固废多元素回收整体利用，提高铜、铅、金、锌等元素的回收率；在山西、内蒙古、河北等地，开展粉煤灰、工业副产石膏、煤矸石、热熔渣、尾矿制备新型建材等高值化产品的推广应用；在河南焦作、山东淄博、山西吕梁等地，开展赤泥提取有价元素、低成本制备水泥等应用，逐步示范解决赤泥利用难题。

4. 提高废旧金属利用水平

推进钢铁企业短流程炼钢技术应用，支持一批钢铁生产企业与废钢回收加工企业合作，建设一体化大型废钢加工配送中心。以清洁提取、精细拆解、高效富集为导向，运用智能化和数字化管理等手段，在京津冀区域内培育一批再生铜、再生铅高值化利用标杆企业。统筹区域内资源配置，发挥现有产能优势，引导废旧金属资源向优势企业集聚。

5. 推动废旧有机物高效利用

认真落实废旧轮胎、废塑料行业规范条件，建设一批旧轮胎翻新、精细胶粉制备、再生塑料造粒等项目，在河北定州、河南焦作、山东济南、山西平遥等地培育一批加工利用废旧高分子材料的龙头企业。加强废纸及纸基快递包装物流回收，在北京、天津、河北、山东建设大型区域废纸分拣加工中心和废纸仓储物流交易中心，打造区域废纸回收利用产业集群。

6. 加快退役动力电池回收利用

充分发挥京津冀及周边地区新能源汽车推广应用规模大的条件，发挥骨干企业、科研机构、行业平台及第三方机构等方面的优势，加强区域互补，统筹推进区域回收利用体系建设。在河北、河南、山东、山西、内蒙古的储能、通信基站备电等领域建设梯级利用典型示范项目，支持动力电池资源化利用项目建设，提升区域退役动力电池回收处理能力。

7. 推进资源综合利用产业集聚发展

加快建设山西朔州等 25 个工业固废综合利用基地，促进优势资源要素集聚，在天津子牙、河北定州、山东临沂、河南许昌、内蒙古包头等地建设 15 个再生资源产业园区，通过技术改造、产品升级、管理优化等方式打造绿色园区。

8. 推动生产系统协同处理城市废弃物

支持冶金、建材等工业窑炉协同处置固废，探索产城融合发展新路径。因地制宜推进水泥窑协同处理生活垃圾、市政污泥、危险废弃物等项目建设，提高固废对工业生产原（燃）料的补充和替代作用。支持一批建材企业在河北、山东等省布局水泥窑协同处置生活垃圾项目。

9. 建立雄安新区与周边城市固废资源化协同处理的长效机制

充分利用唐山地区尾矿、废石资源，建设固废基制沙石骨料、预制混凝土结构件、全固废胶凝材料等建筑材料供应基地，为雄安新区基础设施建设提供高品质的建筑材料，以“无废城市”建设试点为契机，有序推进雄安新区周边地区存量工业固废综合利用和再生资源回收利用。

10. 创新引领协同发展

加快固废共性关键技术开发及产业化应用，支持骨干企业与科研院所、高等院校组建产学研技术创新联盟、创新中心等区域创新平台。深化工业固废资源综合利用评价制度，积极培育第三方机构，探索建立税收减免互认、设施共享、政策体系协同，以机制创新推动产业升级。

三、政策解析

（一）编制过程

《提升计划》的编制经过了四个阶段。

一是总结评估前期《京津冀及周边地区工业资源综合利用产业协同发展行动计划（2015—2017 年）》政策实施成效，分析存在的问题。

二是开展实地调研，深入研究产业发展现状，明确产业发展区域功能定位。

三是专题研讨，召开专题座谈会，听取地方、行业机构及专家意见，形成征求意见稿。

四是广泛征求有关部门、部分地方工业和信息化主管部门及有关行业协会意见，充分采纳相关意见和建议。

考虑到河南省是京津冀及周边地区打赢污染防治攻坚战的重要组成部分，也是工业资源综合利用的大省，此次《提升计划》编制，在京、津、冀、晋、蒙、鲁六省市（区）的基础上将河南省纳入了京津冀及周边地区范围。

（二）保障《提升计划》贯彻落实的措施

工信部积极指导7省、区、市做好《提升计划》的落实工作，强化协同，形成合力，共同推进京津冀及周边地区工业资源综合利用产业协同转型提升，遴选发布一批工业资源综合利用协同提升重点项目和产业园区，培育一批工业资源综合利用“领跑者”企业，确保3年内基本实现目标任务。具体贯彻落实措施如下。

一是加强组织领导和统筹协调，以促进创新资源的合理配置、开放共享、高效利用为主线，加强区域联动，形成协同发展机制。同时，充分发挥行业协会、产业联盟等在技术推广对接、标准制定、政策咨询等方面的重要支撑作用。

二是落实资源综合利用税收优惠政策，推动综合利用产品纳入政府绿色采购目录。充分利用工业高质量发展专项，同时地方要加大财政扶持力度，将区域综合利用纳入重点支持范围，支持重点项目建设。

三是建立健全资源综合利用标准体系，规范市场发展。创新融资方式，充分发挥各类金融机构在产业基金、银行信贷、债券、融资租赁、知识产权质押贷款等方面的作用，解决企业融资难、融资贵问题，为企业发展营造良好的环境。

四是加强舆论宣传引导，鼓励开展国际交流与合作，加快工业资源综合利用先进技术装备的引进、吸收和再创新，支持相关地方和行业组织开展高水平、多层次的国际交流活动，营造促进资源综合利用的舆论氛围。

热　点　篇

第十六章

绿色园区

绿色园区是绿色制造体系的重要组成部分，在推进企业间协同链接、产业链构建、固废集中处置、环保基础设施共享等方面具有显著优势。当前共组织实施了五批绿色园区示范活动，2020 年 10 月发布了第五批绿色园区名单。

第一节　2020 年绿色园区创建情况

2020 年 3 月 1 日，工信部发布了《关于开展第五批绿色制造名单推荐及前两批名单复核工作的通知》，要求各地参照前四批绿色制造体系推荐工作要求，组织相关单位开展申报工作，同时按照“三年一复核”的原则，开展 2017 年发布的第一批与第二批绿色制造名单内有关单位绿色发展工作开展情况的复核工作。重点核查相关单位 2018 年、2019 年、2020 年在建设和生产过程中，对绿色法律法规、政策、标准的遵守情况、生产安全执行情况、环境污染治理情况等内容。若发生重大安全、质量、环境污染方面的事故，在国务院和有关部委相关督查工作中被发现存在严重问题，或者被列入工业节能监察整改名单且未按要求完成整改、属于失信被执行人等情况，将不符合绿色制造评价要求，会对名单进行动态管理和调整。

第五批申报工作受到各地高度重视，并积极申报，申报评审工作于 2020 年 10 月完成，并公布了第五批绿色制造名单。第五批绿色园区共有 53 家进入绿色制造名单，具体分布情况如图 16-1 所示。

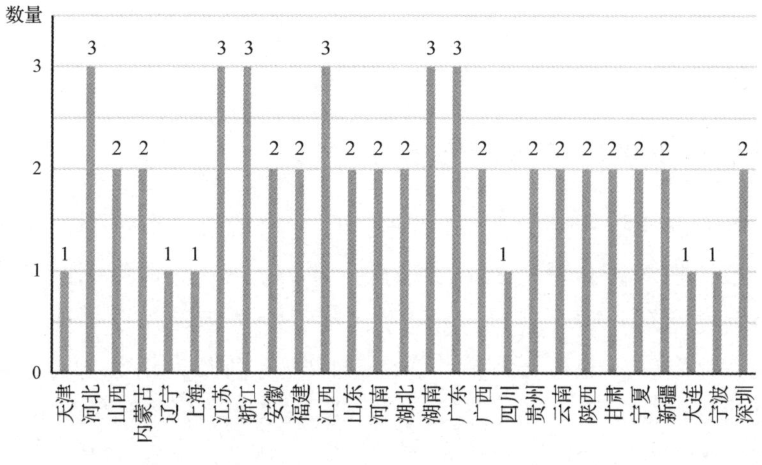

图 16-1　各省（直辖市、自治区）及计划单列市第五批绿色园区名单

第二节　第五批绿色园区示范特点

一、入选数量明显增多

自绿色园区申报工作开展以来，绿色园区申报数量呈现明显增长的趋势，特别是第五批的数量增长尤为明显。从第一批的 24 家、第二批的 22 家，到第三批的 35 家、第四批的 39 家，再到第五批的 53 家，数量增长明显，绿色园区创建工作开展得越来越扎实。

二、覆盖区域更广

在第五批之前，我国共有 27 个省（直辖市、自治区）开展了绿色园区申报工作，具体包括北京、天津、河北、内蒙古、吉林、江苏、浙江、安徽、江西、山东、湖南、广东、海南、重庆、贵州、云南、宁夏、新疆、上海、河南、广西、四川、陕西、青海、甘肃、山西和福建。其中，江苏以 14 个园区位列第一，安徽以 9 个园区位列第二，河南以 8 个园区位列第三，浙江、江西、山东、宁夏、四川等入选名额也排在前列。第五批新增了 3 个省、市、地区，具体包括辽宁、湖北和深圳。辽宁省中德（沈阳）高端装备制造产业园入选，湖北省湖北枝江经济开发区姚家港化工园、宜都高新技术产业园区湖北宜都化工园两个园区入选，深圳市广东福田保税区、深圳华丰国际绿色产业园两个园区入选。绿色园区成为更多地区推动绿色发展的抓手。

三、更多的地方第三方机构参与

绿色园区申报程序需要“两评两审”，除了园区自评价，还需要聘请第三方机构对园区绿色发展水平进行评价。充分发挥第三方机构的作用也是绿色园区申报工作的一个亮点。随着绿色制造体系创建工作的深入开展，越来越多的第三方机构参与进来。与前几批相比，地方第三方评价机构越来越活跃，参与度越来越高。第五批绿色园区示范名单中，地方第三方评价机构共有 37 家，一半以上的绿色园区第三方评价均由地方第三方评价机构完成。未来在绿色制造体系创建工作中，地方第三方评价机构将发挥更大的作用。

第三节　典型园区——上海杭州湾经济技术开发区

一、园区简介

上海杭州湾经济技术开发区（以下简称“杭州湾开发区”）位于上海市南翼、杭州湾北岸，处于上海市沿海通道发展战略的重要位置。规划总面积为 27.2 平方千米，其中西部地块 17.73 平方千米（一期 9.87 平方千米，二期 7.86 平方千米），东部地块（星火）9.48 平方千米。杭州湾开发区是以制造加工业为主的外向型工业园区，共有实体型企业 357 家，其中工业企业 261 家，拥有远纺工业、亚东石化、帝斯曼维生素、金力泰化工、东风汽车、冠生园食品等行业龙头企业。经过二十多年的建设发展，杭州湾开发区形成了以精细化工新材料、生物医药和战略新兴产业为主的“1+1+X”产业格局，当前，精细化工占比约 23%，新材料占比约 27%，生物医药占比约 19%。新材料领域已初步形成了产业特色集群，重点发展高分子材料、高性能纤维及复合材料、战略性前沿新材料、光电子材料、功能性材料等新兴材料产业。精细化工领域已成为杭州湾开发区传统优势支柱产业，产业发展向“专业、特色、创新”产业链延伸。生物医药领域依托“张江药谷”和“东方美谷”双谷联动优势，聚力打造东方美谷美丽大健康产业重要承载区。杭州湾开发区先后被国家发改委确定为上海国家生物产业基地，被国家商务部、科技部确定为生物医药领域国家科技兴贸创新基地，被上海市确定为“新材料产业基地”。

杭州湾开发区对区域经济的带动作用突出，已经成为上海市奉贤区经济转型的主阵地、招商引资的主平台、农民转移就业的主渠道。2019年，杭州湾开发区实现工业总产值269.22亿元，税收实现35亿元，位于奉贤区前三强，园区从业人员1.5万人。杭州湾开发区总体经济的发展在奉贤区社会经济中占有举足轻重的地位，为奉贤区乃至上海市的经济发展做出了较大的贡献。

杭州湾开发区高度重视绿色发展，已经取得较好的成效。精细化工、新材料与生物医药三个主导产业绿色化发展水平较高，龙头企业积极创建绿色工厂，开发区内亚东石化、中西三维、东石塘3家企业已经成功进入国家绿色工厂示范名单。循环经济发展成效明显，初步形成了精细化工循环经济产业链条，提高了资源利用效率。产业结构调整进展顺利，高新技术产业、节能环保产业的比重显著提升。基础设施较为完备，污水集中处理设施运行良好，余热回用比例较高。绿色发展管理与服务水平不断提升，编制了专门的绿色发展规划，理顺了管理体系，构建了以技术创新为主导的公共服务体系，建设了智慧平台，通过了ISO9001质量管理和ISO14001环境管理体系认证，为进一步推动绿色发展奠定了良好的基础。

二、创建绿色园区工作亮点

（一）产业结构调整成效显著

全面优化了杭州湾开发区产业布局和产业结构，加快了产业转型升级，持续提升了高新技术产业比重、绿色产业比重，推动了现有产业绿色化改造提升，实现开发区高质量发展，并且取得了较为明显的成效。

1. 高新技术产业占比显著提升

开发区围绕新材料、先进装备制造、生物医药等重点产业，引进、培育高新技术企业。高新技术产业产值占比从2016年的27.1%提升到

2019 年的 39.6%，截至 2019 年，杭州湾开发区高新技术企业数量达到 64 家。开发区注重引进国外先进的高新技术企业，这部分企业由于知识产权保护等原因，申报高新技术企业的意愿不强，如果加上这部分企业产值，杭州湾开发区高新技术产业产值占比将提升至 50%～60%。

2. 绿色产业逐步成为园区新的经济增长点

杭州湾开发区高度重视绿色产业培育，并将其作为推动杭州湾开发区产业结构转型升级的重要方向。在杭州湾开发区制定的新一轮产业规划定位中，将绿色节能环保产业作为发展重点。

提供越来越多的绿色产品。重点开发纳米环境（净化）材料、生物降解材料、废弃物循环利用技术、绿色功能性树脂及涂料、膜分离材料、低成本制备的高吸水性树脂和高分子乳液、工业生物催化剂、高温多孔材料、高效隔热轻质纤维及其织物、改性高分子材料、脱硝催化材料等。在推进绿色环保领域新材料发展中，加大优质外资企业的引进，鼓励区内产品方向相似的企业加快向绿色环保方向的创新转型，以满足现在和未来国内对绿色环保新材料的大量需求。

再生资源产业发展初具规模。以再生资源回收利用为重点，引进鑫广再生资源有限公司等龙头企业，建立上海市综合性“区域性大型再生资源回收利用基地”，从固废回收分拣起步，逐步扩展至电子废物及危险废物的处置利用，已形成综合性的再生资源回收利用体系。企业通过引进国外技术设备，自主研发创新，拟打造以“废旧汽车资源化”为龙头的城市矿山基地。推动发展垃圾发电，培育东石塘再生能源、西源新能源等再生能源企业，采用先进技术，辐射杭州湾开发区乃至更大范围，利用生活垃圾发电。

布局节能环保装备生产基地。重点发展城乡生活垃圾与农林废弃物处理装备，开发城镇污水处理系统和工业废水成套处理装备，围绕核心技术和关键工艺进行攻关。促进污染气体排放治理、环境智能化监测等领域的先进环保技术和设备的研发。注重大型化、精细化、成套化资源综合利用技术装备的生产和研发；以无损拆解、表面预处理等再制造核心技术为突破方向和重点内容，为废弃机电设备、汽车零部件等废旧资源再生利用提供技术支撑。

注重行业龙头企业的引领和带动作用，推动节能环保装备产业集聚化、规模化发展，不断提升园区节能环保产业竞争优势，布局节能环保装备制造业基地建设。

经过三年的绿色园区创建，2019 年，杭州湾开发区的绿色产业增加值占园区工业增加值的比例达到 43.6%，显著高于引领值。

3. 传统产业绿色化改造扎实推进

杭州湾开发区在大力推进高新技术产业、绿色产业发展的同时，重视传统产业的绿色化改造。以节能、节水、减少“三废排放”、资源综合利用等为重点，不断提升传统企业绿色化改造水平。其中，亚东石化、中西三维、东石塘等三家企业通过了国家评审，成功进入国家绿色工厂示范名单。

以亚东石化为例，公司产能在全国属于小产能，技术也是 10 年前的，但是公司自建厂以来一直持续进行节能降耗改造，使能耗逐年降低，从 2018 年至今已经达到了国家标准《精对苯二甲酸单位产品能源消耗限额》GB 31533—2015 中的先进值（<0.08 吨标准煤/吨产品）。公司在 2009 年 9 月 23 日通过了清洁生产审核，2015 年又通过了复审。公司持续推进安全、环保工作，投产后进行了多达 14 项节能环保技术改造，包括将尾气吸附干燥系统改为有热式再生系统、增设中水回用系统、废水池加盖并增设废水池排气处理系统、精制预热系统改造等。亚东石化将“可持续发展”融入企业从生产到服务的全过程，做“绿色企业”，并付诸行动，取得了良好的成效。

园区传统企业以亚东石化、中西三维等绿色工厂为标杆，不断推进绿色技术改造，积极创建更多的绿色工厂。

4. 提高技术创新水平，增强可持续发展能力

杭州湾开发区将科技创新作为园区建设发展的第一动力，坚定不移地走创新驱动、转型升级的发展道路。

杭州湾开发区的科创与教育情况呈现出良好增长势头，2019 年，科技经费支出 7.32 亿元，同比增长 67.97%；科技活动人员 2 669 人，同比增长 52.69%；当年专利申请数 214 件，同比增长 81.36%；高新技术企业数量达到 64 家。概括来说，园区企业科研能力和创新实力在 2017 年呈现出爆炸式增长。目前，杭州湾开发区拥有国家级实验室和检测中心两家，国家级技术中心 1 家，市级技术中心 6 家，区级技术中心 15

家，工程技术中心6家，市级“科技小巨人”4家，区级“科技小巨人”11家，“科技小巨人”培育企业8家，博士后流动工作站1家，全球研发中心1家等。此外，杭州湾开发区东侧的海湾大学城内有华东理工大学、上海师范大学、上海应用技术学院和上海旅游高等专科等高等学府。良好的技术创新条件，为杭州湾开发区走绿色创新之路打下了良好的基础，绿色转型发展后劲十足。

（二）规划为先，引领园区循环化改造

杭州湾开发区领导高度重视发展循环经济，将循环经济作为园区推进节能减排、提高资源利用效率、优化产业结构的重要抓手。为落实2017年6月上海市经信委、发改委和环保局联合发布的《关于进一步加快推进本市园区循环化改造工作的通知》，杭州湾开发区积极组织人员研究制定了《杭州湾开发区循环经济园区规划》，分析了园区发展循环经济的基础和问题，制定了园区发展循环经济的总体思路和目标，并提出了园区循环化改造的主要任务和保障措施，以系统的规划引导开发区循环化改造，目标明确，路径清晰，有利于挖掘杭州湾开发区绿色发展潜力。

1. 在规划中，循环化改造重点突出，内容明确

以“资源效率提升、经济发展和循环体系建设”为核心内容，以“三纵三横六模块”为改造重点，贯彻“资源循环高效利用”的基本原则，实施优先发展项目，不断完善保障措施，开展杭州湾开发区循环化改造总体建设。

2. 通过加大培训力度提升企业实施清洁生产的积极性

企业清洁生产是循环经济小循环的主要内容，是促进园区循环经济发展的重要措施之一。但是，当前园区企业开展清洁生产主要依靠的是外部驱动力，很多企业不知道什么是清洁生产，也不知道如何开展清洁生产。针对这一问题，园区将企业清洁生产培训及驱动力提升作为推进园区企业清洁生产实施总体框架的重要内容和优先内容，以确保清洁生产工作的顺利开展。

3. 循环经济产业链条初步构建

一是围绕企业间副产品构建循环经济产业链条，针对杭州湾开发区

内的精细化工企业生产过程中产生的副产品，尽可能地在区内实现循环利用，提升资源利用效率和经济效益。二是围绕园区内的工业固废建立废物资源化循环链条。园区一般性固废大致可归结为板材（纸板、木材）、废钢铁和废塑料 3 类，杭州湾开发区正在针对这三种固废资源化利用，引入资源化企业，推动实现园区主要固废的统一收集处理、资源化利用。对于园区产生的危废，杭州湾开发区采用产废企业源头减量、建立统一的危废中转中心、引入有资质的危废资源化和最终处置单位等多种形式，提升其资源化利用水平和安全处置水平。

4. 注重公共服务平台建设

公共服务平台可以极大地提高企业在获取清洁生产技术、废弃物供需需求等信息方面的效率，降低信息获取成本，同时也可以显著提高园区管理效率，降低管理成本。杭州湾开发区管理层意识到公共服务平台对园区绿色发展的重要作用，以能效监控平台和绿色发展信息发布、对接平台建设为重点，大力推进公共服务平台的建设步伐，为园区绿色转型升级助力。

5. 实施危废集中处理工程

目前杭州湾开发区内拥有较为完善的供水、供电、供热设施，各大企业进行了较为完备的环保管理和清洁生产措施。但是，杭州湾开发区内还存在危废处理处置不完善的问题。为配套杭州湾开发区内精细化工、新材料、生物医药等产业的发展，解决园区内危险废物处理处置设施有限和能力不足的问题，依托上海奕茂环境科技有限公司，在杭州湾开发区内，西邻联合北路、南邻楚华支路、北邻苍工路的地块建设危废综合利用处置项目。该项目处理的主要危废包括油墨、有机溶剂、树脂、涂料、蒸馏残渣等，以及沾染这些废弃物的包装物和容器。该项目纳入企业涵盖了整个杭州湾开发区企业，还包括上海其他园区部分企业。

6. 布局可再生能源使用项目

为降低杭州湾开发区能源强度，逐步提高可再生能源的比重，园区积极开发新能源，推广太阳能、地源热泵、垃圾焚烧发电及余热利用。依托园区内现有生活垃圾处理企业上海东石塘再生能源有限公司，拓展垃圾发电和供热，提高可再生能源的比例；在传统垃圾焚烧发电产生电能用于输送至电网的基础上，推动更高效的垃圾发电供热，产生的热能可以通过输送管道供给周边企业或居民以达到余热的高效利用。同时督促有余热产生的企业，如格瑞夫包装有限公司、上海东石塘再生能源有限公司等，将其产生的余热进行厂内利用，甚至输送至周边用能企业和居民，积极利用余热资源，减少化石能源和电力的消耗。

（三）园区绿色管理规范化程度较高

1. 通过 ISO14001 环境管理体系认证

杭州湾开发区通过组织实施并通过 ISO14001 环境管理体系认证，取得了显著成效。表现在：树立杭州湾开发区形象，提高杭州湾开发区的知名度；促使杭州湾开发区及企业自觉遵守环境法律、法规；确保区内企业在生产、经营、服务及其他活动中考虑各项活动对环境造成的影响，主动减小环境负荷；有利于园区及区内企业获得进入国际市场的“绿色通行证”；增强园区管理人员和企业员工的环境意识；促使企业节约能源，再生利用废弃物，降低经营成本；促使园区加强环境管理，并对环境绩效持续改进。

2. 建立智慧管理平台，推动园区管理向信息化管理、精细化管理模式转变

2018 年，杭州湾开发区按照区委、区政府提出的加快建设智慧园区的指示，着手实施智慧园区建设工作。园区智慧平台建设总投资 3 000 多万元，设有“走进杭州湾”“监控中心”“智慧环保”“智慧安全”“智慧治安”“应急指挥”“智慧禁毒”七大功能板块。平台建立落户企业基本信息台账，包含企业基本信息、合法合规类基础台账、污染物排放信息台账、重点风险部位信息台账、易制毒化学品管控台账等，将杭州湾开发区内的实业型生产企业信息集合到平台上，实现“家底清”，克服原来信息种类多、分布散、监管难的问题。

第十七章 绿色工厂

第一节 绿色工厂概述

一、绿色工厂的提出背景和定义

（一）绿色工厂的提出背景

经过多年发展，我国工业总体实力显著增强，已成为具有重要影响力的工业大国。但与世界先进水平相比，我国制造业仍然大而不强，资源环境问题是制约我国向工业强国发展的重要因素之一。在绿色发展的国际大趋势下，制造业需把握好当今时代科技革命和产业变革的大方向，推行绿色制造，推进供给侧结构性改革，加快制造业的绿色转型发展，促进工业平稳增长，打造制造业国际竞争新优势。创建绿色工厂作为构建绿色制造体系的关键一环，是实施绿色制造工程的重点任务，也是促进工业各行业结构优化、提质增效的重要途径。

（二）绿色工厂的定义

我国于 2015 年 5 月首次正式提出绿色工厂的概念，明确要求“建设绿色工厂，实现厂房集约化、原料无害化、生产洁净化、废物资源化、能源低碳化”。绿色工厂，是指全生命周期中环境负面影响小，资源利用率高，实现经济效益和社会效益的优化。绿色工厂是制造业的生产单元，是绿色制造的实施主体，属于绿色制造体系的核心支撑单元，侧重于生产过程的绿色化。加快建设具备用地集约化、生产洁净化、废物资源化、能源低碳化等特点的绿色工厂，对解决制造业环境污染、由点及面引领行业和区域绿色转型、进一步构建高质量绿色制造体系具有重要意义。

制造工厂的生产活动均可归结为在一定的基础设施之上，依据工厂的管理体系要求，将能源与资源投入生产制造，输出产品并造成一定的环境排放的过程，整个过程最终产生总体绩效。绿色工厂应在保证产品功能、质量及制造过程中员工职业健康安全的前提下，引入生命周期思想，满足基础设施、管理体系、能源与资源投入、产品、环境排放、绩效的综合评价要求。绿色工厂建设框架如图 17-1 所示。

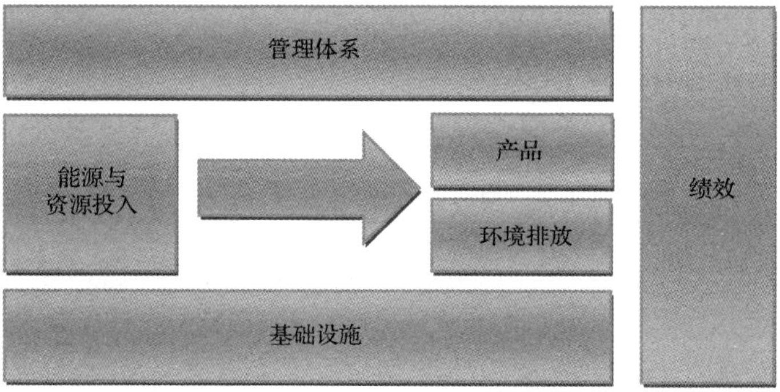

图 17-1　绿色工厂建设框架

二、绿色工厂创建的工作要求

（一）建设目标和主要内容

工信部发布的《工业绿色发展规划（2016—2020 年）》提出了到 2020 年建设千家绿色工厂的目标。优先在钢铁、有色金属、化工、建材、机械、汽车、轻工、食品、纺织、医药、电子信息等重点行业选择一批工作基础好、代表性强的企业开展绿色工厂创建，通过采用绿色建筑技术建设改造厂房，预留可再生能源应用场所和设计负荷，合理布局厂区内能量流、物质流路径，推广绿色设计和绿色采购，开发生产绿色产品，采用先进适用的清洁生产工艺技术和高效末端治理装备，淘汰落后设备，建立资源回收循环利用机制，推动用能结构优化，实现工厂的绿色发展。

（二）工作程序

绿色工厂创建采用“两评两审”的形式，具体工作程序如下。

一是满足申请条件的企业按照绿色工厂评价标准开展创建工作，并进行自我评价。二是当企业达到绿色工厂标准时，委托第三方评价机构（由工信部在符合资质要求的评价机构中遴选发布，目前已发布两批共110 家工业节能与绿色发展评价中心名单）按照评价要求进行现场评价，评价合格的可按所在地区绿色制造体系建设的相关要求和程序，向省级主管部门提交第三方评价报告和自评报告。三是省级主管部门负责组织评估报送的企业，按照绿色工厂评价标准和省级主管部门制定的绿色制造体系实施方案中的具体要求，向工信部遴选推荐评估合格、在本地区具有代表性的绿色工厂名单。四是工信部负责组织专家评审、公示、现场抽查等环节，确定绿色工厂名单。

（三）绿色工厂标准

绿色工厂首先应满足一定的基本要求，包括其基础合规性与相关方要求、对最高管理者及工厂的基础管理职责要求等。在此基础上，绿色工厂的建设与评价从工厂的基础设施、管理体系、能源与资源投入、产品、环境排放、绩效 6 个维度提出全面、系统的要求，包括 6 个一级指标和 25 个二级指标。其中，基础设施、管理体系、能源与资源投入、产品、环境排放包含了绿色工厂创建过程特征的一系列定性或定量指标，其结果是绿色工厂可持续满足的要求的保障；绩效是表征创建绿色工厂期间所达成的效果的一系列定量指标，按照上述绿色工厂创建原则和目标，以用地集约化、原料无害化、生产洁净化、废物资源化、能源低碳化的可量化特征指标来表示。绿色工厂评价指标如表 17-1 所示。

表 17-1 绿色工厂评价指标

一级指标	二级指标	具体内容
基础设施	建筑	使用绿色建材，独立设置危废间，使用绿色建筑结构，室外绿化，可再生能源利用，建筑节能、节水等

续表

一级指标	二级指标	具 体 内 容
基础设施	照明	设计照明分级，采用自然光照明，使用节能灯，采用分区照明，定时自动调光，使用感应灯
	设备设施	淘汰落后设备，使用高效节能设备，设备及系统经济运行，使用计量器具并分类计量，投入环保设备
管理体系	一般要求	工厂建立、实施并保持满足 GB/T 19001—2016 要求的质量管理体系和满足 GB/T 45001—2020 要求的职业健康安全管理体系（必选），并通过第三方认证（可选）
	环境管理体系	工厂建立、实施并保持满足 GB/T 24001—2016 要求的环境管理体系（必选），并通过第三方认证（可选）
	能源管理体系	工厂建立、实施并保持满足 GB/T 23331—2020 要求的能源管理体系（必选），并通过第三方认证（可选）
	社会责任	每年公开发布社会责任报告，说明利益相关方的责任履行情况，特别是对社会责任的履行情况
能源与资源投入	能源投入	优化用能结构（化石能源、余热余压、新能源、可再生能源），建设能源管理中心，建有厂区光伏电站、智能微电网
	资源投入	节水、节材，减少有毒有害物质的使用，使用可回收材料，减少温室气体的使用
	采购	建立实施绿色采购制度，开展供方绿色评价，采购产品绿色验收
产品	生态设计	引入生态设计理念，开展产品生态设计，进行生态设计产品评价
	有害物质使用	实现有毒有害物质的减量化和替代
	节能	终端用能产品高能效（不适用）
	减碳	进行碳核查，结果对外公布，改善碳足迹，使用低碳产品
	可回收利用	按照 GB/T 20862—2007 计算产品可回收利用率，改善回收利用状况
环境排放	大气污染物	应符合相关国家标准、行业标准及地方标准要求。其中，大气和水体污染物应同时满足区域内排放总量控制要求
	水体污染物	
	固体废弃物	
	噪声	

续表

一级指标	二级指标	具 体 内 容
环境排放	温室气体	采用 GB/T 32150—2015 或适用的标准或规范对其厂界范围内的温室气体排放进行核算和报告（必选）。获得温室气体排放量第三方核查声明并对外公布，利用核算或核查结果对其温室气体的排放进行改善（可选）
绩效	用地集约化	容积率、建筑面积、单位用地面积产值（或单位用地面积产能）
	原料无害化	主要物料的绿色物料使用率
	生产洁净化	单位产品主要污染物产生量、单位产品废气产生量、单位产品废水产生量
	废物资源化	单位产品主要原材料消耗量、工业固废综合利用率、废水处理回用率
	能源低碳化	单位产品综合能耗、单位产品碳排放量

资料来源：赛迪智库。

第二节　发展现状和存在的问题

一、绿色工厂创建成效

“十三五”期间，我国全面推动绿色制造体系建设，形成了一批行业绿色制造示范企业。截至 2019 年年底，发布了五批共 2 121 家绿色工厂名单，其中，钢铁、有色金属、石化、建材、纺织、轻工、机械等重点行业共创建绿色工厂 1 655 家，约占绿色工厂总数的 78%。钢铁行业在绿色工厂示范带动作用下，企业纷纷主动加大绿色投入，开展了新一轮的节能环保提标改造，通过厂区扬尘治理、料场规范，减少无组织排放，大力种植绿化植被，提高厂区绿化覆盖率，通过一系列措施加强内部管理，保证了绿色化指标持续改善，钢铁企业的绿色绩效水平明显提升。石化行业在行业内同步开展行业级绿色工厂认定，连续四年召开石化行业绿色发展大会，会上由行业协会颁发绿色工厂牌照。通过绿色工厂创建级示范引领，石化行业内基本实现了低毒农药对高毒农药的替代，绿色农药新品种占 70%以上；轮胎子午化率由 87.2%提高到 90.9%。

各行业积极制定绿色工厂相关标准，如建材行业完成了《玻璃工业绿色工厂评价技术要求》《建筑陶瓷行业绿色工厂评价技术要求》《水泥行业绿色工厂评价技术要求》《卫生陶瓷行业绿色工厂评价技术要求》四项行业标准，并完成了《预拌砂浆行业绿色工厂评价导则》《预拌混凝土绿色智能工厂评价技术要求》两项协会标准。同时，积极推进石膏板、耐火材料、砌体材料、建筑涂料、建筑用塑料管材、金属及金属复合装饰材料、人造板、保温材料等绿色工厂评价技术细则等工作。纺织行业正在制定《绿色工厂评价导则》《绿色工厂评价规范 丝绸企业》《绿色工厂评价规范 毛纺织企业》三项标准。截至 2019 年 12 月，共发布绿色工厂相关标准 69 项，其中包括 1 项国家标准、13 项行业标准、13 项地方标准、42 项团体标准。

河南、安徽、天津、湖南、云南等地积极组织开展省级绿色制造示范工作，对绿色工厂给予财政资金奖励。河南省财政厅印发了《河南省支持转型发展攻坚战若干财政政策》，提出“对创建成为绿色示范工厂的一次性给予 200 万元奖励”的财政政策。安徽省发布了《安徽省绿色制造体系建设实施方案》《安徽省绿色工厂建设评价和管理办法（试行）》等文件，大力推进绿色制造，对获得国家级绿色工厂的企业分别给予一次性奖励 100 万元。天津市发布了《天津市节能专项资金管理暂行办法》和《关于“十三五”期间天津市节能与工业绿色发展先进单位创建奖励政策的通知》，对列入国家级绿色工厂示范名单的企业，市节能专项资金给予不超过 60 万元的资金奖励。湖南省发布了《湖南省绿色制造工程专项行动方案（2016—2020 年）》和《湖南省绿色制造体系建设实施方案》，利用工业转型升级专项支持奖金对获得国家级绿色工厂的企业，一次性给予 50 万元的奖励。云南省发布了《云南省降低实体经济企业成本实施细则》，对认定的国家级绿色工厂企业给予 50 万～200 万元不等的一次性奖励。

二、存在的问题

（一）经济欠发达地区和传统行业绿色工厂创建潜力有待释放

随着绿色工厂创建工作的推进，发达地区和离散型制造业绿色工厂数量日益增多，逐渐与其他地区和行业拉开距离。从地区分布来看，江苏、山东、广东、浙江等东部沿海地区经济发达，技术密集型企业较多，企业效益好，绿色工厂创建的基础比较扎实，企业积极性较高，创建了大量的绿色工厂；而东北地区和中西部地区，由于经济发展水平相对落后，资源消耗型企业占比较大，绿色工厂创建基础相对较弱，创建数量较少。从行业分布来看，机械、电子等离散型、技术密集型行业，能耗低、排放少，产品更容易包含更多的绿色设计属性，在创建绿色工厂时起点较高，具有天然优势，因此创建的绿色工厂数量较多；而钢铁、有色金属、建材等传统行业，能耗较高、排放较多，产品绿色设计空间较小，需要对工艺技术、用能结构、产品结构、管理等方面进行综合优化，才能达到绿色工厂的创建要求，创建难度较大，因此创建数量较少。目前，绿色工厂地区与行业分布的巨大差距，一方面是事物客观发展的体现，另一方面也说明，在经济欠发达地区和传统行业内，仍然存在创建绿色工厂的巨大潜力。

（二）绿色技术创新能力有待提升，绿色工厂评价标准体系亟须完善

绿色技术和工艺是创建绿色工厂的关键。目前，绿色制造技术研发多为单个环节的节能减排技术，系统化、平台化技术创新较少，关键核心绿色技术向产业、区域绿色转型的渗透、融合不足，科技创新在工业绿色发展中的引领作用尚未凸显。我国工业领域重末端治理、轻源头预防的发展理念尚未得到根本扭转，绿色设计、清洁生产等方面的科技开发投入较少，科技成果转化率不高，难以适应新时代推进绿色发展的目标要求。虽然绿色工厂评价标准体系已初步建立，但很多重点行业仍然欠缺绿色工厂评价标准，无法满足整个工业体系绿色工厂创建评价的需要。

（三）绿色工厂名单动态管理机制亟须建立

目前，五批国家级绿色工厂共计 2 121 家，绿色工厂的持续建设主要靠企业自觉推进，由于缺乏持续评价和淘汰机制，部分企业在获得“绿色工厂”称号后，存在绿色发展水平退步、部分指标不达标的现象。有

进无出的绿色工厂名单、有加无减的“绿色工厂”称号，无法形成良性竞争，不利于绿色工厂持续健康发展，亟须建立绿色工厂动态排名与淘汰机制，实施动态名单管理，充分发挥优秀绿色工厂的示范引领作用。

第三节　对策与建议

一、进一步强化欠发达地区与传统行业绿色工厂的创建

深入开展绿色制造相关宣传，加速基于全生命周期绿色发展理念在东北地区、中西部地区的推广和普及，尤其是加强对企业一把手的理论渗透，使企业深入理解绿色发展及绿色工厂创建的重要意义。进一步加强传统高耗能、高污染行业的绿色转型升级，通过绿色工厂创建，帮助企业从全生命周期中梳理绿色发展的薄弱环节，推进企业工艺技术绿色化改造，提升企业管理水平，优化绿色制造绩效指标。迎难而上，把欠发达地区和传统行业内的工厂转化为绿色工厂，对推动全国工业的绿色发展具有重要意义。

二、完善绿色科技创新体系与标准体系

强化顶层设计，加强工业绿色低碳技术创新体系建设，推进清洁生产技术、末端治理技术、绿色产品设计技术等不同技术的创新体系协调发展，促进企业、产业和区域等不同层次的绿色技术创新子系统有效运行。大力培育创新主体，引导企业加大创新投入、专利申请和成果转化应用力度，支持企业与高校、科研院所采取联合开发和利益共享、风险共担的模式，攻克一批绿色低碳基础技术、前沿技术和关键共性技术，加快成果转化和工程示范。探索建立市场导向的绿色技术“产学研用”协同创新机制，构建“绿色技术研发、科技成果转化、绿色金融”创新链平台，完善绿色技术创新保障体系。加快国家标准《绿色工厂评价通则》（GB/T 36132—2018）的宣贯推广，推动行业导则标准的发布实施，鼓励绿色工厂团体标准、联盟标准和企业标准的制定，缩短标准制定周期，尽快满足绿色工厂评价需求，加强能耗、水耗、综合利用、清洁生产等与绿色工厂创建相关标准的制/修订，进一步完善标准体系，直至

能够覆盖整个工业体系。

三、加快实施绿色工厂名单动态管理机制

第一，建立绿色工厂分级制度，按工厂绿色化水平高低不同，对绿色工厂进行等级划分，使人们能够直观分辨哪家工厂更加绿色，绿在何处。第二，建立定期评价与淘汰制度，对于已经入围的绿色工厂，要按期进行跟踪评价，以确保能够有效确认其绿色化状态，对于绿色发展水平退步或不符合绿色化新标准的工厂，应在名单中及时予以清除，以保证名单的绿色含金量。第三，建立动态排名制度，根据定期开展评价的结果，按绿色化水平高低，对绿色工厂进行排名，并定期更新排名，以产生良性竞争氛围和示范引领作用。

第十八章

绿色供应链

2020 年，行业和企业对绿色供应链管理的重视程度进一步提升，电子电器、汽车、机械、纺织服装等行业龙头企业积极创建绿色供应链，带动供应链上的中小企业共同提升绿色发展的能力和水平。

第一节　绿色供应链有关环节的法规体系进一步完善

2015 年我国发布的制造强国战略中，首次提出绿色发展，构建绿色制造体系，打造绿色供应链，加快建立以资源节约、环境友好为导向的采购、生产、营销、回收及物流体系，落实生产者责任延伸制度。这份文件将绿色供应链从学术理论层面提升到政策层面和制造业实际应用层面。根据 2014 年 12 月商务部、环境保护部、工信部联合印发的《企业绿色采购指南（试行）》，绿色供应链指的是将环境保护和资源节约的理念贯穿企业从产品设计到原材料采购、生产、运输、储存、销售、使用和报废处理的全过程，使企业的经济活动与环境保护相协调的上下游供应关系。从定义中可以看出，绿色供应链贯穿从产品设计到最终回收再利用的全过程。围绕这一系列过程，相关部门出台了相应的法律法规。

一、绿色设计

《中华人民共和国清洁生产促进法》第二条规定："本法所称清洁生产，是指不断采取改进设计、使用清洁的能源和原料、采用先进的工艺技术与设备、改善管理、综合利用等措施，从源头削减污染，提高资源利用效率，减少或者避免生产、服务和产品使用过程中污染物的产生和排放，以减轻或者消除对人类健康和环境的危害。”第二十条规定：“产品和包装物的设计，应当考虑其在生命周期中对人类健康和环境的影响，优先选择无毒、无害、易于降解或者便于回收利用的方案。”《中华人民共和国循环经济促进法》第十九条规定：“从事工艺、设备、产品及包装物设计，应当按照减少资源消耗和废物产生的要求，优先选择采用易回收、易拆解、易降解、无毒无害或者低毒低害的材料和设计方案，并应当符合有关国家标准的强制性要求。”《关于开展工业产品生态设计的指导意见》（工信部联节〔2013〕58 号）提出：“在产品设计开发阶段系统考虑原材料选用、生产、销售、使用、回收、处理等各个环节对资源环境造成的影响，力求产品在全生命周期中最大限度降低资源消耗、尽可能少用或不用含有有毒有害物质的原材料，减少污染物产生和排放，从而实现环境保护。”上述这些法律和文件，都从绿色供应链的源头设计环节进行了明确的规范和指导。

二、绿色采购

《企业绿色采购指南（试行）》第五条提出，企业采购应遵循的原则之一是打造绿色供应链。要求企业不断完善采购标准和制度，综合考虑产品设计、采购、生产、包装、物流、销售、服务、回收和再利用等多个环节的节能环保因素，与上下游企业共同践行环境保护、节能减排等社会责任，打造绿色供应链。在这份文件中，对企业的采购行为从采购原则，采购原材料、产品与服务，选择供应商，政府引导与行业规范等方面进行了引导。此外，很多法律法规都对绿色采购行为进行了规定。例如，《中华人民共和国清洁生产促进法》第十六条规定：“各级人民政府应当优先采购节能、节水、废物再生利用等有利于环境与资源保护的产品。”《中华人民共和国节约能源法》第五十一条规定：“公共机构采购用能产品、设备，应当优先采购列入节能产品、设备政府采购名录中的产品、设备。禁止采购国家明令淘汰的用能产品、设备。”

三、绿色生产

《中华人民共和国节约能源法》《中华人民共和国环境保护法》《中华人民共和国清洁生产促进法》和《中华人民共和国大气污染防治法》等法律法规，对企业节约能源、清洁生产、减少污染物排放、提高资源能源的再生利用率等诸多内容进行了明确的规定，指导企业不断提高绿色生产能力。例如，《中华人民共和国环境保护法》第四十条规定："企业应当优先使用清洁能源，采用资源利用率高、污染物排放量少的工艺、设备以及废弃物综合利用技术和污染物无害化处理技术，减少污染物的产生。"第四十二条规定："排放污染物的企业事业单位和其他生产经营者，应当采取措施，防治在生产建设或者其他活动中产生的废气、废水、废渣、医疗废物、粉尘、恶臭气体、放射性物质以及噪声、振动、光辐射、电磁辐射等对环境的污染和危害。"《中华人民共和国清洁生产促进法》第十九条规定："企业在进行技术改造过程中，应当采取以下清洁生产措施：（一）采用无毒、无害或者低毒、低害的原料，替代毒性大、危害严重的原料；（二）采用资源利用率高、污染物产生量少的工艺和设备，替代资源利用率低、污染物产生量多的工艺和设备；（三）对生产过程中产生的废物、废水和余热等进行综合利用或者循环使用；（四）采用能够达到国家或者地方规定的污染物排放标准和污染物排放总量控制指标的污染防治技术。"

四、回收及再利用

《中华人民共和国循环经济促进法》《中华人民共和国固体废物污染环境防治法》对回收及再利用都有规定。例如，《中华人民共和国循环经济促进法》第十五条规定："生产列入强制回收名录的产品或者包装物的企业，必须对废弃的产品或者包装物负责回收；对其中可以利用的，由各该生产企业负责利用；对因不具备技术经济条件而不适合利用的，由各该生产企业负责无害化处置。"第三十七条规定"国家鼓励和推进废物回收体系建设。"2016 年 12 月，国务院办公厅发布了《生产者责任延伸制度推行方案》。

第二节　绿色供应链评价标准和程序日趋成熟

一、评价标准

2016 年 9 月，工信部、国家标准化管理委员会印发了《绿色制造标准体系建设指南》。根据这份文件，绿色制造标准体系框架包括综合基础、绿色产品、绿色工厂、绿色企业、绿色园区、绿色供应链和绿色评价与服务七个子体系。其中，绿色供应链包括绿色供应链构建、绿色采购、绿色营销、绿色物流及仓储、回收及综合利用等方面的标准。

为了充分发挥工业节能与绿色标准的规范和引领作用，促进工业企业能效提升和绿色发展，2017 年 5 月，工信部印发了《工业节能与绿色标准化行动计划》。截至 2020 年年底，制定绿色供应链标准总计 30 个（2017 年 18 个、2018 年 6 个、2020 年 6 个），覆盖机械、家电、汽车、石化、纺织、电子信息制造、光伏发电、变压器、轮胎制造、建材、船舶、动力锂离子电池 12 个行业的企业和产品。

2017 年 6 月，国家标准《绿色制造 制造企业绿色供应链管理 导则》（GB/T 33635—2017）正式发布，这是我国首次制定并发布绿色供应链相关标准。2019 年 1 月，工信部首先选择了绿色供应链管理创建相对成熟的三个行业（机械、汽车、电子电气），制定出台了有行业特色、更为具体细化的《机械行业绿色供应链管理企业评价指标体系》《汽车行业绿色供应链管理企业评价指标体系》《电子电器行业绿色供应链管理企业评价指标体系》，指导企业更深入地进行绿色供应链管理创建和评估。

2016 年，工信部发布了《关于开展绿色制造体系建设的通知》（工信厅节函〔2016〕586 号），其中附件 3 就是《绿色供应链管理评价要求》。《绿色供应链管理评价要求》包括三部分。第一部分是总则，包括绿色供应链的定义、推行绿色供应链管理的目的、绿色供应链管理范围，以及企业需要满足的绿色供应链管理示范的基本要求。第二部分详细解析了企业绿色供应链管理的关键环节，包括确立可持续的绿色供应链管理战略、实施绿色供应商管理、强化绿色生产、建设绿色回收体系、搭建绿色信息收集监测披露平台。第三部分讲述了企业绿色供应链管理评价方法，包括评价方式、评价指标体系、绿色供应链评价指数计算方法和绿色供应链评价结果，以及部分指标说明。评价指标体系共有 6 个一级指标，包括绿色供应链管理战略、实施绿色供应商管理、绿色生产、绿色回收、绿色信息平台建设和绿色信息披露，围绕这 6 个一级指标，设置了 20 个二级指标。《绿色供应链管理评价要求》对企业绿色供应链管理的创建和评估起到了引导和指南的作用，用于企业的自评估和第三方评估。绿色供应链管理示范企业评价指标体系如表 18-1 所示。

表 18-1　绿色供应链管理示范企业评价指标体系

一级指标	序号	二级指标	单位	最高分值	指标类型
绿色供应链管理战略 X1	1	纳入公司发展规划 X11	—	8	定性
	2	制定绿色供应链管理目标 X12	—	6	定性
	3	设置专门管理机构 X13	—	6	定性
实施绿色供应商管理 X2	4	绿色采购标准制度完善 X21	—	4	定性
	5	供应商认证体系完善 X22	—	3	定性
	6	对供应商定期审核 X23	—	3	定性
	7	供应商绩效评估制度健全 X24	—	3	定性
	8	定期对供应商进行培训 X25	—	3	定性
	9	低风险供应商占比 X26	%	4	定量
绿色生产 X3	10	节能减排环保合规 X31	—	10	定性
	11	符合有害物质限制使用管理办法 X32	—	10	定性
绿色回收 X4	12	产品回收率 X41	%	5	定量
	13	包装回收率 X42	%	5	定量
	14	回收体系完善（含自建、与第三方联合回收）X43	—	5	定性
	15	指导下游企业回收拆解 X44	—	5	定性

续表

一级指标	序号	二级指标	单位	最高分值	指标类型
绿色信息平台建设 X5	16	绿色供应链管理信息平台完善 X51	—	10	定性
绿色信息披露 X6	17	披露企业节能减排减碳信息 X61	—	2.5	定性
	18	披露高、中风险供应商审核率及低风险供应商占比 X62	—	2.5	定性
	19	披露供应商节能减排信息 X63	—	2.5	定性
	20	发布企业社会责任报告（含绿色采购信息）X64	—	2.5	定性

二、评价程序

企业根据发布的评价标准进行创建和自评估，符合标准后委托第三方机构进行第三方评估，第三方机构需要进行现场评估。评价合格后企业向所在省级主管部门提交评估报告。省级主管部门负责组织专家对企业报送的材料进行评审确认，并向工信部推荐评估合格、在本地区成绩突出且具有代表性的绿色供应链管理企业名单，并提交相关材料。工信部组织专家评审，通过论证、公示等环节确定国家级绿色供应链管理企业名单。

为了更好地促进评价规范化工作，加快推动工业绿色发展，从 2016 年开始，工信部分两批共培育了 110 家工业节能与绿色发展评价中心，评价中心的职责就是支撑服务重点行业和中小企业绿色发展，建立健全国家的节能和绿色发展服务体系，增强服务能力。

第三节　绿色供应链的示范范围和数量都进一步增加

截至 2021 年 4 月，共开展了 5 批绿色供应链管理示范。第一批绿色供应链管理企业示范范围涵盖汽车、电子电器、通信及大型成套装备机械行业中代表性强、影响力大、经营实力雄厚、绿色供应链管理基础好的核心制造企业，共涉及 4 个行业。第二批申报企业所属的行业范围没有变化。第三批和第四批对申报企业所属行业范围进行了拓展，规定申报范围涵盖汽车、航空航天、电子电器、通信、大型成套装备机械、纺织服装、建材等行业，与第一和第二批相比，增加了航空航天、纺织服装、建材三个行业，扩展为 7 个行业。第五批与前四批相比，行业覆盖范围进一步扩大，涵盖了 13 个行业，除了原有 7 个行业，又增加了船舶、轻工、食品、医药、电子商务、快递包装 6 个行业。

企业参与绿色供应链管理示范企业创建工作的热情日益高涨。迄今共开展了 5 批绿色供应链管理示范企业的推荐和评审，189 家企业成为国家级绿色供应链管理示范企业。2020 年，工信部公布的第五批绿色制造名单中，国家级绿色供应链管理示范企业有 99 家，这一数字超过了前四批的总和。2017—2019 年，前四批绿色供应链管理示范企业申报评审工作中，共有 40 家企业成为国家级绿色供应链管理示范企业，其中第一批 15 家，第二批 4 家，第三批 21 家，第四批 50 家，四批合计 90 家，如图 18-1 所示。

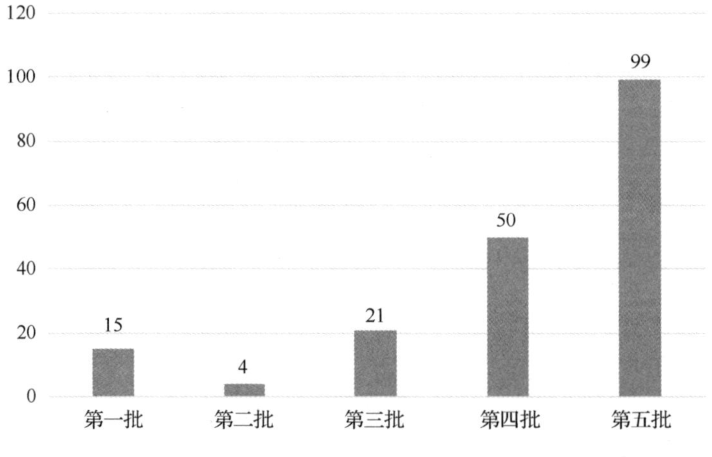

图 18-1　国家级绿色供应链管理示范企业数量

在企业积极参与创建绿色供应链管理示范的过程中，重点行业涌现出一批绿色供应链管理示范优秀企业，如超威电源集团有限公司、通威太阳能有限公司、晨风（江苏）服装有限公司、浙江传化化学品有限公司、华为终端（东莞）有限公司等，这些企业充分发挥了供应链上龙头企业的作用，遵循产品全生命周期理念，在绿色设计、绿色采购与供应商管理、产品回收再利用、生产者责任延伸等方面形成了许多行之有效的有亮点的做法，有力带动了全行业的绿色发展，提升了供应链整体环境绩效。

第十九章

绿色产品

绿色设计是指按照全生命周期的理念，在产品设计开发阶段系统考虑原材料选用、生产、销售、使用、回收、处理等各个环节对资源环境造成的影响，力求产品在全生命周期中最大限度地降低资源消耗、尽可能少用或不用含有有毒有害物质的原材料，减少污染物产生和排放，实现资源环境影响最小。研究表明，产品全生命周期 80%的资源环境影响和 90%的制造成本取决于产品设计阶段。大力推行工业产品生态设计，是实现产品绿色化的最佳途径，也是提高产品附加值的重要手段，更是推动绿色生产消费模式、提升产品竞争力的客观要求。当前，我国绿色设计产品标准体系日益完善，推动绿色设计产品评价工作，绿色设计产品市场化推广取得一定成效，典型行业产品绿色设计路线更加明晰。

第一节　绿色设计产品标准体系建设情况

绿色设计产品标准是开展绿色设计产品评定的前提条件。绿色设计产品标准体系初步建立。截至目前，工信部已采信 192 项标准（见表 19-1）。除《生态设计产品评价通则》和《生态设计产品标识》外，其余 190 项标准分布在石化行业（26 项）、钢铁行业（26 项）、有色行业（13 项）、建材行业（5 项）、机械行业（29 项）、轻工行业（37 项）、纺织行业（14 项）、电子行业（24 项）、通信行业（15 项）及其他行业（1 项）。具体标准覆盖了基础原材料、零部件、中间产品及整机产品等。

表 19-1　绿色设计产品标准清单

序号	标准名称	标准编号
1	《生态设计产品评价通则》	GB/T 32161—2015
2	《生态设计产品标识》	GB/T 32162—2015
石化行业		
3	《绿色设计产品评价技术规范　复混肥料（复合肥料）》	HG/T 5680—2020
4	《绿色设计产品评价技术规范　水性建筑涂料》	HG/T 5682—2020
5	《绿色设计产品评价技术规范　喷滴灌肥料》	T/CPCIF 0030—2020
6	《绿色设计产品评价技术规范　二硫化碳》	T/CPCIF 0031—2020
7	《绿色设计产品评价技术规范　液体分散染料》	T/CPCIF 0040—2020
8	《绿色设计产品评价技术规范　轮胎模具》	T/CPCIF 0076—2020 T/CRIA 22010—2020
9	《绿色设计产品评价技术规范　聚氯乙烯树脂》	HG/T 5860—2021
10	《绿色设计产品评价技术规范　氯化聚氯乙烯树脂》	HG/T 5861—2021
11	《绿色设计产品评价技术规范　水性木器涂料》	HG/T 5862—2021
12	《绿色设计产品评价技术规范　鞋和箱包用胶粘剂》	HG/T 5863—2021
13	《绿色设计产品评价技术规范　汽车轮胎》	HG/T 5864—2021
14	《绿色设计产品评价技术规范　1，4-丁二醇》	HG/T 5867—2021
15	《绿色设计产品评价技术规范　聚四亚甲基醚二醇》	HG/T 5868—2021
16	《绿色设计产品评价技术规范　聚苯乙烯树脂》	HG/T 5869—2021
17	《绿色设计产品评价技术规范　聚对苯二甲酸丁二醇酯（PBT）树脂》	HG/T 5870—2021
18	《绿色设计产品评价技术规范　聚对苯二甲酸乙二醇酯（PET）树脂》	HG/T 5871—2021
19	《绿色设计产品评价技术规范　阴极电泳涂料》	HG/T 5872—2021
20	《绿色设计产品评价技术规范　金属氧化物混相颜料》	HG/T 5873—2021
21	《绿色设计产品评价技术规范　家具用胶粘剂》	T/CPCIF 0084—2021
22	《绿色设计产品评价技术规范　建筑用胶粘剂》	T/CPCIF 0085—2021
23	《绿色设计产品评价技术规范　汽车内饰用胶粘剂》	T/CPCIF 0086—2021
24	《绿色设计产品评价技术规范　水基包装胶粘剂》	T/CPCIF 0087—2021
25	《绿色设计产品评价技术规范　钛白粉》	T/CPCIF 0088—2021 T/CNCIA 02008—2021

续表

序号	标 准 名 称	标 准 编 号
26	《绿色设计产品评价技术规范 氧化铁颜料》	T/CPCIF 0089—2021 T/CNCIA 02009—2021
27	《绿色设计产品评价技术规范 光学玻璃用硝酸钾》	T/CPCIF 0108—2021 T/CISIA 0001—2021
28	《绿色设计产品评价技术规范 熔盐（硝基型）》	T/CPCIF 0109—2021 T/CISIA 0002—2021
钢铁行业		
29	《绿色设计产品评价技术规范 稀土钢》	T/CAGP 0026—2018 T/CAB 0026—2018
30	《绿色设计产品评价技术规范 铁精矿（露天开采）》	T/CAGP 0027—2018 T/CAB 0027—2018
31	《绿色设计产品评价技术规范 烧结钕铁硼永磁材料》	T/CAGP 0028—2018 T/CAB 0028—2018
32	《绿色设计产品评价技术规范 钢塑复合管》	T/CISA 104—2018
33	《绿色设计产品评价技术规范 五氧化二钒》	T/CISA 105—2019
34	《绿色设计产品评价技术规范 取向电工钢》	YB/T 4767—2019
35	《绿色设计产品评价技术规范 管线钢》	YB/T 4768—2019
36	《绿色设计产品评价技术规范 新能源汽车用无取向电工钢》	YB/T 4769—2019
37	《绿色设计产品评价技术规范 厨房厨具用不锈钢》	YB/T 4770—2019
38	《绿色设计产品评价技术规范 家具用免磷化钢板及钢带》	YB/T 4870—2020
39	《绿色设计产品评价技术规范 建筑用高强高耐蚀彩涂板》	YB/T 4871—2020
40	《绿色设计产品评价技术规范 耐候结构钢》	YB/T 4872—2020
41	《绿色设计产品评价技术规范 汽车用冷轧高强度钢板及钢带》	YB/T 4873—2020
42	《绿色设计产品评价技术规范 汽车用热轧高强度钢板及钢带》	YB/T 4874—2020
43	《绿色设计产品评价技术规范 桥梁用结构钢》	YB/T 4875—2020
44	《绿色设计产品评价技术规范 压力容器用钢板》	YB/T 4876—2020

续表

序号	标 准 名 称	标 准 编 号
45	《绿色设计产品评价技术规范　低中压流体输送和结构用电焊钢管》	T/CISA 064—2020
46	《绿色设计产品评价技术规范　铁道车辆用车轮》	YB/T 4901—2021
47	《绿色设计产品评价技术规范　钢筋混凝土用热轧带肋钢筋》	YB/T 4902—2021
48	《绿色设计产品评价技术规范　冷轧带肋钢筋》	YB/T 4903—2021
49	《绿色设计产品评价技术规范　锚杆用热轧带肋钢筋》	YB/T 4904—2021
50	《绿色设计产品评价技术规范　球墨铸铁管》	YB/T 4915—2021
51	《绿色设计产品评价技术规范　非调质冷镦钢热轧盘条》	T/CISA 082—2021
52	《绿色设计产品评价技术规范　预应力钢丝及钢绞线用热轧盘条》	T/CISA 083—2021
53	《绿色设计产品评价技术规范　不锈钢盘条》	T/CISA 084—2021
54	《绿色设计产品评价技术规范　弹簧钢丝用热轧盘条》	T/CISA 085—2021
有色行业		
55	《绿色设计产品评价技术规范　锑锭》	T/CNIA 0004—2018
56	《绿色设计产品评价技术规范　稀土湿法冶炼分离产品》	T/CNIA 0005—2018
57	《绿色设计产品评价技术规范　多晶硅》	T/CNIA 0021—2019
58	《绿色设计产品评价技术规范　气相二氧化硅》	T/CNIA 0022—2019
59	《绿色设计产品评价技术规范　阴极铜》	T/CNIA 0033—2019
60	《绿色设计产品评价技术规范　电工用铜线坯》	T/CNIA 0034—2019
61	《绿色设计产品评价技术规范　铜精矿》	T/CNIA 0035—2019
62	《绿色设计产品评价技术规范　镍钴锰氢氧化物》	T/CNIA 0046—2020
63	《绿色设计产品评价技术规范　镍钴锰酸锂》	T/CNIA 0047—2020
64	《绿色设计产品评价技术规范　铅锭》	T/CNIA 0048—2020
65	《绿色设计产品评价技术规范　再生烧结钕铁硼永磁材料》	T/CNIA 0065—2020
66	《绿色设计产品评价技术规范　各向同性钕铁硼快淬磁粉》	T/CNIA 0066—2020
67	《绿色设计产品评价技术规范　氧氯化锆》	T/CNIA 0072—2020
建材行业		
68	《生态设计产品评价规范第 4 部分：无机轻质板材》	GB/T 32163.4—2015

续表

序号	标 准 名 称	标 准 编 号
69	《绿色设计产品评价技术规范 卫生陶瓷》	T/CAGP 0010—2016 T/CAB 0010—2016
70	《绿色设计产品评价技术规范 木塑型材》	T/CAGP 0011—2016 T/CAB 0011—2016
71	《绿色设计产品评价技术规范 砌块》	T/CAGP 0012—2016 T/CAB 0012—2016
72	《绿色设计产品评价技术规范 陶瓷砖》	T/CAGP 0013—2016 T/CAB 0013—2016
机械行业		
73	《绿色设计产品评价技术规范 金属切削机床》	T/CMIF 14—2017
74	《绿色设计产品评价技术规范 装载机》	T/CMIF 15—2017
75	《绿色设计产品评价技术规范 内燃机》	T/CMIF 16—2017
76	《绿色设计产品评价技术规范 汽车产品 M1 类传统能源车》	T/CMIF 17—2017
77	《绿色设计产品评价技术规范 铅酸蓄电池》	T/CAGP 0022—2017 T/CAB 0022—2017
78	《绿色设计产品评价技术规范 锂离子电池》	T/CEEIA 280—2017
79	《绿色设计产品评价技术规范 电动工具》	T/CEEIA 296—2017
80	《绿色设计产品评价技术规范 核电用无缝不锈钢仪表管》	T/CAGP 0031—2018 T/CAB 0031—2018
81	《绿色设计产品评价技术规范 盘管蒸汽发生器》	T/CAGP 0032—2018 T/CAB 0032—2018
82	《绿色设计产品评价技术规范 真空热水机组》	T/CAGP 0033—2018 T/CAB 0033—2018
83	《绿色设计产品评价技术规范 片式电子元器件用纸带》	T/CAGP 0041—2018 T/CAB 0041—2018
84	《绿色设计产品评价技术规范 滚筒洗衣机用无刷直流电动机》	T/CAGP 0042—2018 T/CAB 0042—2018
85	《绿色设计产品评价技术规范 家用及类似场所用过电流保护断路器》	T/CEEIA 334—2018
86	《绿色设计产品评价技术规范 塑料外壳式断路器》	T/CEEIA 335—2018

续表

序号	标准名称	标准编号
87	《绿色设计产品评价技术规范 叉车》	T/CMIF 48—2019
88	《绿色设计产品评价技术规范 水轮机用不锈钢叶片铸件》	T/CMIF 49—2019
89	《绿色设计产品评价技术规范 中低速发动机用机体铸铁件》	T/CMIF 50—2019
90	《绿色设计产品评价技术规范 铸造用消失模涂料》	T/CMIF 51—2019
91	《绿色设计产品评价技术规范 柴油发动机》	T/CMIF 52—2019
92	《绿色设计产品评价技术规范 直驱永磁风力发电机组》	T/CMIF 57—2019 T/CEEIA 387—2019
93	《绿色设计产品评价技术规范 齿轮传动风力发电机组》	T/CMIF 58—2019
94	《绿色设计产品评价技术规范 再制造冶金机械零部件》	T/CMIF 59—2019
95	《绿色设计产品评价技术规范 家用和类似用途插头插座》	T/CEEIA 374—2019
96	《绿色设计产品评价技术规范 家用和类似用途固定式电气装置的开关》	T/CEEIA 375—2019
97	《绿色设计产品评价技术规范 家用和类似用途器具耦合器》	T/CEEIA 376—2019
98	《绿色设计产品评价技术规范 小功率电动机》	T/CEEIA 380—2019
99	《绿色设计产品评价技术规范 交流电动机》	T/CEEIA 410—2019
100	《绿色设计产品评价技术规范 办公设备用静电成像干式墨粉》	T/CMIF 64—2020
101	《绿色设计产品评价技术规范 塔式起重机》	T/CMIF 138—2021
轻工行业		
102	《生态设计产品评价规范第 1 部分：家用洗涤剂》	GB/T 32163.1—2015
103	《生态设计产品评价规范第 2 部分：可降解塑料》	GB/T 32163.2—2015
104	《绿色设计产品评价技术规范 房间空气调节器》	T/CAGP 0001—2016 T/CAB 0001—2016
105	《绿色设计产品评价技术规范 电动洗衣机》	T/CAGP 0002—2016 T/CAB 0002—2016
106	《绿色设计产品评价技术规范 家用电冰箱》	T/CAGP 0003—2016 T/CAB 0003—2016

续表

序号	标 准 名 称	标 准 编 号
107	《绿色设计产品评价技术规范 吸油烟机》	T/CAGP 0004—2016 T/CAB 0004—2016
108	《绿色设计产品评价技术规范 家用电磁灶》	T/CAGP 0005—2016 T/CAB 0005—2016
109	《绿色设计产品评价技术规范 电饭锅》	T/CAGP 0006—2016 T/CAB 0006—2016
110	《绿色设计产品评价技术规范 储水式电热水器》	T/CAGP 0007—2016 T/CAB 0007—2016
111	《绿色设计产品评价技术规范 空气净化器》	T/CAGP 0008—2016 T/CAB 0008—2016
112	《绿色设计产品评价技术规范 纯净水处理器》	T/CAGP 0009—2016 T/CAB 0009—2016
113	《绿色设计产品评价技术规范 商用电磁灶》	T/CAGP 0017—2017 T/CAB 0017—2017
114	《绿色设计产品评价技术规范 商用厨房冰箱》	T/CAGP 0018—2017 T/CAB 0018—2017
115	《绿色设计产品评价技术规范 商用电热开水器》	T/CAGP 0019—2017 T/CAB 0019—2017
116	《绿色设计产品评价技术规范 生活用纸》	T/CAGP 0020—2017 T/CAB 0020—2017
117	《绿色设计产品评价技术规范 标牌》	T/CAGP 0023—2017 T/CAB 0023—2017
118	《绿色设计产品评价技术规范 电水壶》	T/CEEIA 275—2017
119	《绿色设计产品评价技术规范 扫地机器人》	T/CEEIA 276—2017
120	《绿色设计产品评价技术规范 新风系统》	T/CEEIA 277—2017
121	《绿色设计产品评价技术规范 智能马桶盖》	T/CEEIA 278—2017
122	《绿色设计产品评价技术规范 室内加热器》	T/CEEIA 279—2017
123	《绿色设计产品评价技术规范 水性和无溶剂人造革合成革》	T/CNLIC 0002—2019
124	《绿色设计产品评价技术规范 服装用皮革》	T/CNLIC 0005—2019

续表

序号	标准名称	标准编号
125	《绿色设计产品评价技术规范 氨基酸》	T/CNLIC 0006—2019 T/CBFIA 04002—2019
126	《绿色设计产品评价技术规范 甘蔗糖制品》	T/CNLIC 0007—2019
127	《绿色设计产品评价技术规范 甜菜糖制品》	T/CNLIC 0008—2019
128	《绿色设计产品评价技术规范 包装用纸和纸板》	T/CNLIC 0010—2019
129	《绿色设计产品评价技术规范 家居用水性聚氨酯合成革》	T/CNLIC 0017—2021
130	《绿色设计产品评价技术规范 革用聚氨酯树脂》	T/CNLIC 0018—2021
131	《绿色设计产品评价技术规范 破壁料理机》	T/CNLIC 0019—2021
132	《绿色设计产品评价技术规范 房间空气调节器用压缩机》	T/CNLIC 0020—2021
133	《绿色设计产品评价技术规范 电吹风》	T/CNLIC 0021—2021
134	《绿色设计产品评价技术规范 电熨斗》	T/CNLIC 0022—2021
135	《绿色设计产品评价技术规范 电风扇》	T/CNLIC 0023—2021
136	《绿色设计产品评价技术规范 电动牙刷》	T/CNLIC 0024—2021
137	《绿色设计产品评价技术规范 酵母制品》	T/CNLIC 0025—2021 T/CBFIA 01002—2021
138	《绿色设计产品评价技术规范 折叠纸盒》	T/CPF 0014—2021
纺织行业		
139	《绿色设计产品评价技术规范 涤纶磨毛印染布》	T/CAGP 0030—2018 T/CAB 0030—2018
140	《绿色设计产品评价技术规范 户外多用途面料》	T/CAGP 0034—2018 T/CAB 0034—2018
141	《绿色设计产品评价技术规范 丝绸制品》	FZ/T 07003—2019
142	《绿色设计产品评价技术规范 聚酯涤纶》	T/CNTAC33—2019
143	《绿色设计产品评价技术规范 巾被织物》	T/CNTAC34—2019
144	《绿色设计产品评价技术规范 皮服》	T/CNTAC35—2019
145	《绿色设计产品评价技术规范 羊绒产品》	T/CNTAC38—2019
146	《绿色设计产品评价技术规范 毛精纺产品》	T/CNTAC39—2019
147	《绿色设计产品评价技术规范 针织印染布》	T/CNTAC40—2019
148	《绿色设计产品评价技术规范 布艺类产品》	T/CNTAC41—2019

续表

序号	标 准 名 称	标 准 编 号
149	《绿色设计产品评价技术规范 色纺纱》	T/CNTAC51—2020
150	《绿色设计产品评价技术规范 再生涤纶》	T/CNTAC52—2020
151	《绿色设计产品评价技术规范 毛毯产品》	T/CNTAC74—2021
152	《绿色设计产品评价技术规范 床上用品》	T/CNTAC75—2021
电子行业		
153	《绿色设计产品评价技术规范 打印机及多功能一体机》	SJ/T 11749—2019
154	《绿色设计产品评价技术规范 智能终端 平板电脑》	SJ/T 11750—2019
155	《绿色设计产品评价技术规范 金属化薄膜电容器》	T/CESA 1032—2019
156	《绿色设计产品评价技术规范 投影机》	T/CESA 1033—2019
157	《绿色设计产品评价技术规范 微型计算机》	SJ/T 11770—2020
158	《绿色设计产品评价技术规范 电视机》	SJ/T 11771—2020
159	《绿色设计产品评价技术规范 监视器》	T/CESA 1068—2020
160	《绿色设计产品评价技术规范 智能终端 头戴式显示设备》	T/CESA 1069—2020
161	《绿色设计产品评价技术规范 印制电路板》	T/CESA 1070—2020
162	《绿色设计产品评价技术规范 基础机电继电器》	T/CESA 1071—2020
163	《绿色设计产品评价技术规范 鼓粉盒》	T/CESA 1072—2020
164	《绿色设计产品评价技术规范 有机光导鼓》	T/CESA 1073—2020
165	《绿色设计产品评价技术规范 光伏硅片》	T/CESA 1074—2020 T/CPIA 0021—2020
166	《绿色设计产品评价技术规范 液晶显示器件》	T/CESA 1110—2020
167	《绿色设计产品评价技术规范 显示器》	T/CESA 1111—2020
168	《绿色设计产品评价技术规范 扩展坞》	T/CESA 1112—2020
169	《绿色设计产品评价技术规范 信息技术设备用不间断电源》	T/CESA 1116—2020
170	《绿色设计产品评价技术规范 光伏电池》	T/CESA 1117—2020 T/CPIA 0023—2020
171	《绿色设计产品评价技术规范 光伏组件》	T/CESA 1118—2020 T/CPIA 0024—2020
172	《绿色设计产品评价技术规范 数字电视接收器（机顶盒）》	T/CESA 1122—2020

续表

序号	标 准 名 称	标 准 编 号
173	《绿色设计产品评价技术规范 光电显示玻璃基板》	T/CESA 1123—2020
174	《绿色设计产品评价技术规范 交互式触控一体机》	T/CESA 1125—2020
175	《绿色设计产品评价技术规范 有源音箱》	T/CESA 1126—2020
176	《绿色设计产品评价技术规范 一体化机柜数据中心》	T/CESA 1132—2020
通信行业		
177	《绿色设计产品评价技术规范 光网络终端》	YDB 192—2017
178	《绿色设计产品评价技术规范 以太网交换机》	YDB 193—2017
179	《绿色设计产品评价技术规范 移动通信终端》	YDB 194—2017
180	《绿色设计产品评价技术规范 可穿戴无线通信设备 腕戴式》	T/CCSA 251—2019
181	《绿色设计产品评价技术规范 可穿戴无线通信设备 头戴/近眼显示设备》	T/CCSA 252—2019
182	《绿色设计产品评价技术规范 服务器》	T/CCSA 253—2019
183	《绿色设计产品评价技术规范 视频会议设备》	T/CCSA 254—2019
184	《绿色设计产品评价技术规范 通信电缆》	T/CCSA 255—2019
185	《绿色设计产品评价技术规范 光缆》	T/CCSA 256—2019
186	《绿色设计产品评价技术规范 网络存储设备》	T/CCSA 299—2021
187	《绿色设计产品评价技术规范 路由器》	T/CCSA 300—2021
188	《绿色设计产品评价技术规范 固定电话》	T/CCSA 301—2021
189	《绿色设计产品评价技术规范 通信用户外机房、机柜》	T/CCSA 302—2021
190	《绿色设计产品评价技术规范 通信配线设备》	T/CCSA 303—2021
191	《绿色设计产品评价技术规范 通信电源》	T/CCSA 304—2021
其他		
192	《绿色设计产品评价技术规范 智能坐便器》	T/CAGP 0021—2017 T/CAB 0021—2017

资料来源：工信部。

第二节　绿色设计产品供给现状

截至 2020 年 1 月，工信部先后开展多批绿色设计产品（含增补的

1个批次）申报工作，开展时间分别为2017年3月和10月、2018年1月（增补）和8月、2019年3月和9月（增补），累计发布绿色设计产品1 097种。为引导企业开展绿色设计，促进生产方式、消费模式向绿色低碳转变，增加绿色产品供给，2019年11月，工信部发布61家工业产品绿色设计示范企业名单，涉及电器电子、机械装备、汽车及配件、纺织、轻工、钢铁、有色金属、建材、石油化工等重点行业。示范企业通过探索和实践，摸索出了适合本行业的绿色设计路径，一批绿色设计与制造一体化的关键共性技术取得突破，实现了典型产品在生命周期各环节的协同改进。在产品设计开发环节，开发了一批不同产品生命周期评价工具和软件，提出了绿色设计与制造一体化解决方案。在原材料选取和使用环节，不断推进节材降耗，开展有毒有害物质替代。在生产过程控制环节，通过绿色设计与制造协同推进，资源能源利用效率明显提升，污染排放明显下降。在产品废弃处置环节，重视废旧产品的回收利用，积极落实生产者责任延伸制度。

与此同时，各地政府部门也在积极推动绿色设计产品供给与推广工作。湖南省工业和信息化厅发布实施了《湖南省绿色设计产品评价管理办法》，用以规范和指导省级绿色设计产品的评价、认定及日常监管等工作，并将绿色设计产品纳入政府采购范围。根据《湖南省政府采购两型（绿色）产品首购办法》，经国家相关部门和湖南省工信部门评估认定的绿色产品直接纳入《湖南省首购产品目录》，通过政府采购方式由采购人优先采购。这将有助于充分发挥政府采购政策功能，推动绿色产品的有效供给和市场应用，引导绿色生产和绿色消费，促进资源节约型和环境友好型社会建设。

展　望　篇

第二十章

主要研究机构预测性观点综述

第一节　国际能源署：到 2025 年可再生能源将成为全球最大的电力来源

国际能源署在 2020 年 11 月发布的 2020 版《可再生能源——2025 年分析预测》指出，新冠肺炎疫情仍在继续影响全球经济和日常生活，可再生能源市场特别是发电技术，已经显示出其在应对危机中的独特韧性。2020 年全球能源需求下降 5%，与其他燃料形成鲜明对比，可再生能源发电增长 7%，长期合同、优先入网政策及新建电厂都在影响可再生能源发电量的强劲增长，2020 年可再生能源需求总体增长 1%。

尽管存在经济不确定性，投资者对可再生能源的兴趣依然不减，2020 年 1—10 月，可再生能源拍卖产能比 2019 年同期高出 15%，创下新纪录。涉及可再生能源设备制造商、项目开发商的股票表现良好。在中国和美国的推动下，2020 年全球可再生能源净装机容量增长接近 4%，达到近 200GW。随着风能和水力发电的增加，2020 年全球可再生能源发电能力创下新纪录，占全球当年新增发电量的 90%左右。中国和美国的风能和太阳能光伏新增数量跃升 30%。据预测，新冠肺炎疫情导致的经济活动减少对工业热消耗的影响大于建筑业，从而影响了对可再生能源的需求，特别是工业中的生物能源的使用。受新冠肺炎疫情的影响，尽管全球工业和建筑业的电力需求正在下降，但可再生能源在发电领域的比重增加，工业和建筑两个行业与热相关的可再生电力消费上升。

据分析，风能和太阳能总装机容量有望在 2023 年超过天然气，到 2024 年超过煤炭，预计到 2025 年，仅太阳能光伏就占所有可再生能源新增产能的 60%，风能占 30%。到 2025 年，可再生能源将超过煤炭，成为全球最大的电力来源。可再生能源预计将提供世界三分之一的电力。关键市场的净零排放目标预计将加快可再生能源的部署，特别是中国提出到 2060 年实现碳中和，将进一步加快可再生能源在所有行业的部署，对全球市场产生重大影响。

第二节　国务院发展研究中心：绿色转型是发展方式的革命性变革

党的十九届五中全会通过的《中共中央关于制定国民经济和社会发展第十四个五年规划和二〇三五年远景目标的建议》提出促进经济社会发展全面绿色转型。这是以习近平同志为核心的党中央，深刻把握我国生态文明建设的新形势，着眼建设人与自然和谐共生的现代化做出的重大战略部署，是引领“美丽中国”建设的行动指南。国务院发展研究中心提出，走一条有中国特色的绿色转型之路，是发展方式的革命性变革。

一、绿色转型是推动高质量发展的内在要求

经济发展要摆脱对高消耗、高排放和环境的依赖，转向经济增长与资源节约、排放减少和环境改善相互促进的绿色发展方式。绿色转型不是对传统工业化模式的修修补补，而是发展方式的革命性变革。绿色转型应立足新发展阶段、贯彻新发展理念、构建新发展格局，以经济社会全面绿色转型倒逼高质量发展，进一步降低能源强度、碳排放强度，提高资源利用效率，形成主要污染物排放和经济增长脱钩态势。

二、全面推进绿色转型面临诸多挑战

首先，我国与已完成工业化的国家相比，各种工业品生产在短期内呈现爆发式增长，并在多个领域达到史无前例的生产规模，我国的工业化进程具有显著的“挤压式”特征，工业化带来的污染集中释放。我国

成为“世界工厂”的同时，也排放了大量的污染物、温室气体和废弃物，给生态环境造成了巨大压力，也带来了巨大的治理成本，即“挤压式”工业化带来污染物排放集中释放。

其次，我国受能源资源禀赋影响，以煤炭为主体的能源结构短期内难以改变，碳和能源的生产率与发达国家仍有较大差距，即能源结构调整和提高能源资源利用效率面临巨大挑战。

再次，我国基础制造能力与先行工业化国家相比仍有较大差距，在工艺流程创新、关键核心技术研发、数字化管理等方面能力仍显不足，经济结构调整和产业价值链提升任务艰巨，产业转型任重道远。

最后，我国总体仍处于“环境库兹涅茨曲线”拐点期，近年来部分污染物排放已跨越峰值进入平台期，但排放规模仍居高不下，生态环境治理仍面临较大压力。

三、我国绿色转型需要构建全方位对策体系

（一）推动绿色低碳发展

大力促进能源清洁安全低碳高效利用，发展绿色建筑，开展绿色生活创建活动。强化绿色发展的法律和政策保障，发展绿色金融，支持绿色技术创新，发展环保产业，推进清洁生产，推进重点行业和重要领域绿色化改造。

（二）做好碳达峰、碳中和工作

首先，制定碳排放达峰行动方案，加快降低碳排放强度，支持有条件的地方率先达到碳排放峰值。加快调整能源结构、产业结构，大力发展新能源，完善能源消费双控制度，加快建设全国用能权、碳排放权交易市场。其次，持续改善环境质量，提升生态系统质量和稳定性，实施生物多样性保护重大工程，建立地上地下、陆海统筹的生态环境治理制度，持续开展污染防治行动。加强细颗粒物和臭氧协调控制，基本消除重污染天气。完善环境保护、节能减排约束性指标管理，全面实行排污许可证制度，推进排污权市场化交易。再次，全面提高资源利用效率。加强自然资源调查评价监测和确权登记，健全自然资源资产产权和法律

法规，建立生态产品价值实现机制，完善市场化、多元化生态补偿，推进资源总量管理、科学配置、全面节约和循环利用。

第三节　中国宏观经济研究院：实现“碳中和”要做好节能大文章

实现二氧化碳大幅下降有四个途径：一是通过节能和提高能效，降低能源消费总量（特别是降低化石能源消费）；二是能源替代，利用非化石能源替代化石能源；三是利用新技术将二氧化碳捕获、利用或封存到地下；四是通过植树造林增加碳汇。其中节能是实现二氧化碳排放大幅下降的最主要途径。国际能源署分析指出，如果要把全球温升控制在2℃以内，2050 年前全球能源相关二氧化碳排放需要减少 40%～70%；如果全球温室气体排放从目前的 330 亿吨下降到 2050 年的 100 亿吨，到 2050 年前节能和提高能效对全球二氧化碳减排贡献率为 37%，发展可再生能源贡献率为 32%，开展燃料替代贡献率为 8%，发展核电贡献率为 3%，二氧化碳捕集利用与封存贡献率为 9%，剩余贡献率由其他技术满足。可见，节能和提高能效，是全球能源系统二氧化碳减排的最主要途径。

发达国家人均能源消费已达峰值，并通过强化节能逐步下降。根据人类社会发展经验，随着经济的发展，人均能源消费量也在逐步增长，工业化和城镇化基本完成以后，人均能源消费将达到饱和状态，按照传统方式完成工业化、城镇化并建成现代化国家，人均能源消费 6 吨标准煤。随着全球气候变化问题提上日程，发达国家纷纷意识到只有降低能源消费，才能减少二氧化碳排放，并为化石能源的替代创造条件。美国、英国、德国、日本等国家纷纷加大对节能和提高能效的重视，采取措施努力降低本国能源消费。

发展经济的同时控制能源消费增长，是我国减少二氧化碳排放面临的最大挑战。我国没有足够的时间重复发达国家人均能源消费先快速增长，再长时间饱和，最后逐渐下降的“三步走”历程。需实现碳达峰、碳中和目标，只能尽量压低一次能源消费量。经测算，节能和提高能效对我国实现2030年前碳排放达峰目标的贡献率在70%以上，发展可再生能源和核电贡献率接近30%，二氧化碳捕获和封存很难做出实质性贡献。

贯彻新发展理念，将节能增效作为高质量发展的重要评价标准。不断优化经济结构、产业结构、能源结构，持续挖掘结构节能空间，使经济发展和能源消费增长逐步“脱钩”。对锁定效应强的重点领域，采取超常规手段，提高能效准入标准。大力推广节能新技术、新模式、新业态，挖掘跨部门、跨行业节能潜力，整合企业用热、用电、用水、用气需求，集中规划建设热力、天然气和电力基础设施，实施多能互补和智能化管控，进一步加强工业园区的余热利用、园区节能改造和综合能源服务。完善能源市场信号，推动外部成本内部化。

第四节　清华大学国情研究院：应对气候变化已成为我国基本实现社会主义现代化的最大挑战，也是实现绿色工业化的最大机遇

全球气候变化已成为人类发展面临的最大非传统安全挑战，我国是世界人口最多的国家之一，也是世界碳排放量最大的国家，应对气候变化成为我国基本实现社会主义现代化的最大挑战，同时也是实现绿色工业化的最大机遇。2020年9月22日，习近平主席在第七十五届联合国一般性辩论上宣布，我国力争2030年前二氧化碳排放达到峰值，努力争取2060年前实现碳中和。2020年12月，中央经济工作会议明确提出做好碳达峰、碳中和工作是2021年八项重点任务之一，以人民福祉为中心开启了绿色低碳、无碳时代。碳达峰、碳中和是一场极其广泛、深刻的绿色工业革命，被视为第四次工业革命，从黑色工业革命转向绿色工业革命，从不可持续的发展转向可持续的绿色发展。

我国在相对较低的发展水平下要实现碳达峰目标，面临着前所未有的多重挑战。一是全球碳排放达峰的国家基本上都是发达国家或后工业化国家，能源和碳排放进入双下降模式，我国能源消费和碳排放还处于双上升期。二是我国与欧美国家所处的发展阶段不同，我国绿色发展创

新需要在人均 GDP 相对较低的水平下实现碳达峰。三是我国与欧美国家处在不同的经济增速阶段，我国发展进入中高速阶段，能源消费持续增长不可避免。四是我国与欧美产业结构构成类型不同，我国工业和制造业生产结构比重较欧美国家高。五是我国能源技术和能源效率与欧美国家有差距，单位 GDP 能耗水平较欧美国家高。六是我国以化石能源为主，特别是能源结构偏煤，而欧美国家具有不同的能源消费结构。七是我国碳排放总量明显高于欧美国家，我国碳排放存量基数大，实现碳排放下降乃至零排放，技术难度高，所剩时间紧，没有现成的减排模式。

实现碳达峰、碳中和本质是一场绿色工业革命，需要实行绿色改革、绿色发展、绿色创新，是 21 世纪绿色能源革命的大势所趋。我国具有发展绿色能源的新优势，一是我国具有丰富的资源用以支持发展绿色能源，特别是在绿色能源丰富的青海等西部地区、水电资源丰富的云南等地。二是我国绿色能源未来发展潜力巨大，我国太阳能资源丰富的地区面积占国土面积的 2/3，投入不到 1%的土地面积即可提供 25 亿千瓦太阳能发电装机容量，具有 34 亿千瓦陆上装机容量和 5 亿千瓦海上装机潜力。三是我国通过改革，可建成世界最大、统一竞争的全国性绿色电力市场。四是我国已成为世界最大本国居民专利申请国和国际专利申请国，为绿色能源、绿色技术等提供了更加强大的技术支撑。

第二十一章

2021年中国工业节能减排领域发展形势展望

2020年，在我国统筹疫情防控和经济社会发展各项政策措施的带动下，一季度我国规模以上工业单位增加值能耗上升 4.5%，上半年上升 0.9%，工业节能减排压力较大。随着生产生活秩序的恢复，三季度开始，规模以上工业单位增加值能耗恢复下降趋势，2016—2020 年，规模以上工业单位增加值能耗累计下降约 0.1%，展望 2021 年，随着“十四五”工业绿色发展任务的开启，供给侧结构性改革深入推进，节能减排工作将继续稳步推进。

第一节　2021 年形势判断

一、单位工业增加值能耗和工业污染物排放预计持续下降

2020 年，全国规模以上工业单位增加值累计同比增长 2.8%，增速较 2019 年收窄 2.9 个百分点。部分高载能行业生产逐步恢复，粗钢、生铁、十种有色金属和乙烯产量同比分别增长 5.2%、4.3%、5.5%和 4.9%。1—12 月，全国工业用电量 50297 亿千瓦·时，同比增长 2.5%；2020 年全国规模以上工业单位增加值能耗与上半年相比情况好转，基本能够完成年度和“十三五”节能目标任务。

（一）单位工业增加值能耗有望继续下降

首先，工业领域有望出台绿色发展“十四五”规划，提出工业节能的新目标，以及关于结构性节能、技术性节能、管理性节能的新举措，为 2021 年工业节能目标任务的完成提供政策层面的保障。其次，2020 年我国工业增加值底数较小，2021 年在国际国内复工复产秩序逐渐恢复的推动下，我国工业增加值将有较大的增长空间，预计超过工业能源消费增速，带动单位工业增加值能耗持续下降。最后，“十四五”期间工业领域供给侧结构性改革仍将持续推进，结构性节能效果显现。

（二）主要污染物排放总量有望继续保持下降态势

首先，2020 年 10 月 29 日十九届五中全会通过的《关于制定国民经济和社会发展第十四个五年规划和二〇三五年远景目标的建议》对持续改善环境质量提出了多项举措，包括深入打好污染防治攻坚战、继续开展污染防治行动、强化多污染物协同控制和区域协同治理、完善环境保护约束性指标管理等。其次，工业仍是主要污染物减排的重点领域，工业源二氧化硫、氮氧化物排放量分别占全国污染物排放总量的 80%和 40%左右，随着减排指标管理、环境监管等措施的深入推进，高污染行业将呈现有限增长，重点行业的环保措施将进一步严格，2021 年工业领域主要污染物排放总量将延续下降态势。

二、四大高载能行业用电量比重持续下降，结构优化仍是节能减排的最大动力

进入 2021 年，深化供给侧结构性改革仍然是主线，结构优化仍是工业节能减排的重要动力。首先，四大高载能行业能耗占全社会能耗的比重有望在 2021 年继续保持小幅下降态势。自 2012 年以来，化工、建材、钢铁和有色金属等四大高耗能行业能源消费量占全社会比重一直保持下降态势，2020 年 1—12 月，四大高载能行业用电量占全社会用电量的比重与 2019 年相比基本持平。其次，新动能促进工业经济结构持续改善，2020 年 1—12 月，高技术制造业增加值同比增长 7.1%，高于全部规模以上工业平均水平 4.3 个百分点。其中，医疗仪器设备及仪器

仪表制造业、电子及通信设备制造业、计算机及办公设备制造业增加值分别增长 12.1%、8.8%、6.5%。分产品看，3D 打印设备、智能手表、民用无人机、集成电路圆片等新兴产品的产量实现高速增长，增速均达 1 倍以上。另外，工业经济发展的总体政策导向没有变化。工业领域将继续推动高质量发展和建设现代化经济体系，坚持以供给侧结构性改革为主线，狠抓政策落地落实，工业结构持续优化的政策环境较好。预计 2021 年，在政策和市场双重推动下，新旧动能加快转换，工业结构逐步优化，结构节能潜力持续释放。

三、工业绿色发展进入新阶段，绿色制造体系建设进入改革期

预计 2021 年，随着国际国内形势的变化，我国工业绿色发展将进入新阶段。一，“十四五”工业绿色发展领域新的纲领性文件出台的可能性较大，工业绿色发展面临新的任务和挑战。二，工业领域 “十三五”期间创建的绿色制造体系也面临改革。首先，绿色园区、绿色工厂任务已完成，2021 年及整个“十四五”期间如何进一步开展绿色制造体系建设值得深思。其次，绿色制造的标准体系建设仍需要加强。绿色工厂的国家标准已经正式公布实施，分行业的绿色工厂标准正在不断完善，绿色园区、绿色供应链和绿色产品标准缺口仍然很大。

四、绿色关键技术有所突破，绿色产业逐步发展壮大

随着国家发改委、科技部《关于构建市场导向的绿色技术创新体系的指导意见》的落实，节能环保、清洁生产、清洁能源等领域涵盖产品设计、生产、消费、回收利用等环节的绿色技术创新体系即将构建，绿色技术创新将成为“十四五”期间工业绿色发展领域的重点任务之一，2021 年，预计将有一批关键材料、仪器设备、核心工艺、工业控制装置的绿色制造技术瓶颈得到突破，绿色技术创新日益成为绿色发展的重要动力。近年来，各地区、各部门对发展绿色产业高度重视，出台了一系列政策措施，2019 年，国家发改委印发了《绿色产业指导目录（2019 年版）》，进一步厘清了产业边界，并要求各地方、各部门以该目录为基

础，根据各自领域、区域发展重点，出台投资、价格、金融、税收等方面的政策措施，着力壮大节能环保、清洁生产、清洁能源等绿色产业，预计 2021 年随着相关政策措施的出台和落实，绿色产业将逐步发展壮大。

第二节　需要关注的几个问题

一、警惕工业能源消费总量的大幅增长

首先，回顾 2020 年，我国工业能源消费呈现“前低后高”走势，8、9、10 月工业用电量增速均超过 5%，处于近年来较高水平，要警惕快速增长态势持续到 2021 年。其次，“十四五”新形势下，党中央审时度势，多次提出要着力构建以国内大循环为主体、国内国际双循环相互促进的新发展格局。新发展格局要求充分发挥国内超大规模市场优势，加快构建完整的内需体系，打通国内生产、分配、流通、消费各个环节将成为未来一段时期的工作重点，这个过程若不加强管控，容易使能源消费增长较快。

二、西部地区节能减排形势不容乐观

西部地区多数省份工业结构以重工业为主，2020 年，随着西部地区生产秩序的较快恢复，西部地区高耗能行业呈现恢复性增长态势，这种态势可能持续到 2021 年。2020 年 1—10 月，在用电量增速超过全国平均值的 16 个省份中，西部地区占 10 个，中部地区占 3 个，东部地区占两个，东北部地区占 1 个。同时，2020 年，国家发改委印发了《西部地区鼓励类产业目录（2020 年本）》，西部地区产业发展在遵循国家现有产业目录中的鼓励类产业目录的基础上，还按各省、自治区、直辖市的特色优势制定了鼓励类产业目录，西部地区鼓励类产业范围扩大，其中不乏一些重化工产业，预计 2021 年将有大批新项目入驻西部地区，地区节能减排压力将继续加大，节能减排形势更加复杂。

三、信息化和绿色化协同发展应进一步加强

近年来，为培育经济增长新动能，我国加快推进新型基础设施建设，

新基建中涉及的信息通信业将得到快速发展。信息通信业发展中应注重两大问题：一是信息通信业自身已成为我国重要耗能领域，随着5G时代的到来和人工智能、区块链、云计算、大数据中心的大规模部署，未来信息通信业能耗将明显上升；二是信息通信业将成为“十四五”期间工业绿色转型的重要助力。通过5G、人工智能等方式可以更有效地采集能耗、物耗、排放数据，识别绿色发展风险，减少信息不对称，从而促进工业绿色转型。

四、工业节水亟须高度重视

近年来，为保障水安全，国家提出了以节水优先为首的治水方针。工业作为用水的重点领域，应将大力推进工业节水及水处理作为“十四五”期间工业绿色发展的重点任务，目前工业用水存在以下几个问题：一是重点缺水区域工业节水工作亟待加强，尤其是黄河流域和京津冀地区产业结构与水资源承载能力不匹配，高耗水行业占比依然较大等；二是工业节水与水处理管理措施和办法有限，精细化管理不足，缺乏智慧化管理手段，标准体系仍不完善；三是不同行业间存在节水不平衡问题，钢铁行业、石化行业节水工作较为深入，工业用水重复利用率较高，而纺织、造纸、食品等高耗水行业仍须加大节水力度，提高用水效率。

第三节　应采取的对策建议

一、强化工业节能监督和管理

一是加强工业能源消费情况的跟踪管理，及时分析可能造成工业能源消费总量大幅上升、单位工业增加值能耗反弹的潜在因素，准确提出应对措施，确保“十四五”开局之年工业节能亮出好成绩。二是加大节能技术改造力度，继续推进节能降耗、清洁生产、资源综合利用的技术改造，进一步提升能源资源的利用效率。三是严格执行高耗能行业新上项目的能评环评，加强工业投资项目节能评估和审查，把好能耗准入关，加强能评和环评审查的监督管理，严肃查处各种违规审批行为；同时，加快修订高耗能产品能耗限额标准，提高标准的限定值和准入值。四是建立节能市场化机制，开展工业节能诊断服务，构建市场化节能机制。

二、研究制定西部地区差异化的节能减排政策

一是总体谋划差异化的节能减排政策。充分考虑西部地区发展阶段的特殊性，在淘汰落后产能、新上项目能评环评及节能减排技术改造资金安排等方面，实施有别于东、中部地区的工业节能减排政策。二是加强西部地区工业能源消费情况的监督管理，重点针对那些能源消费增速较快、重化工业比重偏高的省份，及时分析制约其工业节能目标任务完成的因素，加强指导和监督。三是加快推进工业绿色转型，深入推进绿色制造体系建设，鼓励开展省级绿色制造体系试点建设。四是做强西部地区特色和优势产业，大力开发高附加值产品，延伸补充产业链，实现原材料行业的初级加工向精深加工转变；发挥西部地区能源和资源优势，大力发展分布式智能电网，提升风电、水电等清洁能源利用水平。

三、大力推动信息化和绿色化协同发展

一是加快推进新型基础设施节能。合理规划5G基站、数据中心、工业互联网等新型基础设施布局，针对5G基站、大数据中心等新型基础设施推广节能措施，开展绿色基站、绿色数据中心的能效评价，提升在建与新建设施运行能效。积极采用新型高效蓄电技术，提高风能、太阳能、水能、核能等清洁能源利用的规模和比例，加快推动智慧能源应用，为新基建绿色发展赋能。二是推动信息通信技术与传统工业制造的融合。加快利用人工智能、物联网、云计算、数字孪生等信息技术手段，在钢铁、水泥、石化等重点传统行业建立园区、企业等层级的能源、重要资源、污染物排放的数据管理系统，推动优化调配和风险预估。应用信息技术驱动协同制造，提高组织效率和能源利用效率。

四、深入推进工业节水和水污染治理

一是大力推动黄河流域、京津冀缺水地区工业节水工作，黄河流域

坚持以水定产、严格节水，京津冀地区严格控制钢铁、石化等高耗水行业新增产能，推动再生水、海水淡化等非常规水的利用。二是加强工业节水管理。融合5G技术、大数据云平台、人工智能、物联网等新技术，实现节水的智慧化监管。健全节水标准体系，完善各工业行业用水定额标准。三是推动重点行业企业定期开展节水诊断，进行水平衡测试；编制国家鼓励的工业节水工艺、技术和装备目录。

附录 A

2020 年工业节能减排大事记

2020 年 1 月

2020 年 1 月 3 日

建材行业节能环保绿色低碳发展典型经验现场交流会在石家庄召开

中国建筑材料联合会会长乔龙德出席会议并讲话，河北金隅鼎鑫水泥有限公司、安徽海螺水泥股份有限公司等 6 家典型单位代表做交流发言，会议代表观摩学习了金隅鼎鑫水泥有限公司从传统产业向工业旅游、智能化、绿色生态化发展的成功经验。会上，中国建筑材料联合会授予金隅鼎鑫等 33 家单位“全国建材行业节能环保绿色低碳先进典型企业”称号。

2020 年 1 月 9 日

中国绿色供应链联盟年会在北京召开

2020 年 1 月 9 日，中国绿色供应链联盟年会在北京召开，会议由工信部国际经济技术合作中心主办，来自联盟成员单位及有关政府机构、行业组织、企事业单位的代表参加了会议。工信部原党组成员、联盟理事长金书波，中国国际经济交流中心副理事长、联盟专家咨询委员会主任郑新立，工信部节能与综合利用司司长高云虎出席了会议。

会上，中国绿色供应链联盟发布了《统一绿色采购倡议书》《中国绿色供应链发展报告（2019）》，揭牌成立光伏、大型工程装备、绿色金融、标识四个专业委员会，并与四家单位签署了战略合作协议。本次会议还举办了绿色供应链案例分享与政策宣贯会，以及绿色供应链与光伏可持续发展、绿色金融支持绿色供应链创新、大型工程装备绿色供应链研讨会，聚焦行业发展，推动绿色供应链创新应用。

2020年1月10日

工信部印发《2020年工业节能监察重点工作计划》（工信厅节函〔2020〕106号）

略。

2020年1月10日

全国工业节能监察工作电视电话会议在北京召开

本次会议总结了“十三五”以来工业节能监察工作，部署了2020年重点任务。工信部副部长辛国斌出席会议并讲话。国家市场监督管理总局，各省、自治区、直辖市及新疆生产建设兵团工信部门相关负责同志、节能监察机构全体同志，部分市、县节能处（室）及节能监察机构同志，部分行业协会、研究机构和媒体代表，分别在北京主会场和各地分会场参加会议。辛国斌指出，2016年以来，全国近2万人的节能监察队伍全面动员，累计监察高耗能企业已超过2万家，完成19个行业节能监察全覆盖，出版了《工业节能监察》教材，编制了12个重点行业节能监察规范，举办节能监察培训班25期，培训5 900人次，实现了对监察依据、方式、程序、标准、结果处理和执法文书的“五统一”。节能监察工作有力促进了市场公平，加快了高效节能技术、装备、工艺和产品的推广应用，推动了工业企业节能降耗。

2020年1月10日

工信部、国家市场监督管理总局在北京举行重点用能行业能效“领跑者”发布活动

工信部副部长辛国斌出席了本次会议。钢铁、电解铝、铜冶炼、乙烯、原油加工、合成氨、甲醇、电石、烧碱、焦化、水泥、平板玻璃 12 个行业 26 家企业入围“领跑者”名单。

2020 年 2 月

2020 年 2 月 28 日

财政部办公厅印发污水处理和垃圾处理领域 PPP 项目合同示范文本的通知

财政部于 2020 年 2 月 28 日发布了《财政部办公厅关于印发污水处理和垃圾处理领域 PPP 项目合同示范文本的通知》，为推动污水处理和垃圾处理领域 PPP 项目规范运作，加强项目前期准备和合同管理工作，组织编制了污水处理厂网一体化和垃圾处理 PPP 项目合同示范文本。

2020 年 3 月

2020 年 3 月 25 日

工信部节能与综合利用司组织节能环保产业复工复产视频交流会

2020 年 3 月 25 日，为进一步推动节能环保领域重点行业、重点企业复工复产，工信部节能与综合利用司组织 13 家工业节能、节水、环保、资源综合利用等领域行业协会和机构，围绕节能环保产业复工复产、重点项目建设等方面开展视频交流活动，会议由工信部节能与综合利用司高云虎司长主持。

会上，各行业代表介绍了本行业复工复产的现状，结合各自产业特点和实际，介绍了在疫情防控、物流运输、人员返岗、项目复工、市场经营等方面存在的困难，特别是废钢、再生金属、再生塑料等行业面临原料进口、海外市场下降等问题，提出了加快低风险地区和关键技术岗位人员返岗、加大财税支持力度、保障中小企业重点项目复工回款等行业发展建议。高云虎强调，将充分发挥行业组织的积极作用，加强新冠肺炎疫情对产业发展的影响分析、问题研判和对策研究，宣传国务院复工复产支援中小企业的有关政策，积极协调多方资源，帮助重点企业打通贷款、原材料、生产、项目实施、进出口等各经营环节，有序推进复工复产，努力把耽误的时间抢回来，确保2020年工业节能与综合利用各项目标任务的顺利完成。

2020年3月26日

工信部召开全国工业节能与综合利用工作视频交流会

会上，北京、江苏、浙江、广东、四川、陕西、河南、湖北等省、市介绍了节能环保产业复工复产情况和2020年的工作安排，围绕进一步推进绿色制造工程、加强节能节水和资源综合利用、培育壮大绿色产业、加深各地区交流协作等方面提出了意见和建议。

2020年4月

2020年4月13日

山西省实施节能与资源综合利用2020年行动、绿色制造2020年行动

2020年4月13日，为推进山西省生态文明建设，践行绿色发展理念，推进工业废弃物减量化、资源化、再利用，加快生产方式绿色化，推动工业绿色转型发展，山西省工业和信息化厅印发了《山西省节能与资源综合利用2020年行动计划》《山西省绿色制造2020年行动计划》。

2020年山西省大宗工业固废综合利用量计划达到1亿吨以上，其中，煤矸石6 500万吨，粉煤灰2 100万吨，脱硫石膏400万吨，冶炼渣1 000万吨。推动工业资源综合利用产业集聚集群发展，切实提高工业效能和资源综合利用水平，推进百项节能与资源综合利用项目建设。加大绿色制造推进力度，实施一批绿色改造项目，推广绿色设计产品和先进技术，持续开展绿色园区、绿色工厂、绿色供应链创建活动，推动构建高效、清洁、低碳、循环的绿色制造体系。

2020 年 4 月 15 日

工信部召开工业节能诊断服务工作视频调度会

各地区工信部门、行业协会、大型企业、节能诊断服务机构 230 多人参加了本次会议。工信部节能与综合利用司宣贯了《工业节能诊断服务行动计划》，介绍了 2020 年工作的总体思路。

2020 年 5 月

2020 年 5 月 18 日

工信部办公厅下达 2020 年国家重大工业专项节能监察任务

2020 年 5 月 18 日，工信部发文确定了 2020 年国家重大工业专项节能监察任务。经统筹考虑行业特点、企业规模、所在地区和监察内容等，确定专项节能监察任务总量为 3 177 家。其中，强制性单位产品能耗限额标准执行情况专项监察 2 170 家，钢铁、水泥、电解铝企业阶梯电价政策执行专项监察 754 家，数据中心能效专项监察 144 家，2019 年违规企业整改落实情况专项监察 109 家。

石化行业专项监察 806 家，涵盖炼油、聚丙烯、苯乙烯、对二甲苯、纯碱、甲醇、工业冰醋酸、聚甲醛、聚氯乙烯、轮胎、炭黑、合成氨、硫酸、兰炭、煤制天然气、煤直接液化制油、煤基活性炭、聚乙烯醇、有机硅环体、钛白粉、1,4-丁二醇、甲苯二异氰酸酯、黄磷等产品。

2020 年 5 月 18 日

工信部办印发《关于组织开展 2020 年工业节能诊断服务工作的通知》（工信厅节函〔2020〕107 号）

通知要求各省级工信部门制订工作计划，组织开展工业节能诊断工作。

2020 年 5 月 21 日

国家发改委等 6 部门印发《关于营造更好发展环境　支持民营节能

环保企业健康发展的实施意见》（发改环资〔2020〕790号）

本意见提出了4项措施。一是营造公平开放的市场环境，包括进一步开放重点行业市场，持续完善招投标机制，积极兑现对企业的各项承诺，支持参与补短板强弱项工程建设。二是完善稳定普惠的产业支持政策，包括鼓励参与节能环保重大工程建设，贯彻落实好现行税收优惠政策，加大绿色金融支持力度。三是推动提升企业经营水平，包括提升绿色技术创新能力，推进商业模式创新，督促企业守法合规经营。四是畅通信息沟通反馈机制，包括强化信息沟通，营造良好舆论氛围。

2020年6月

2020年6月11日

辛国斌主持全国人大环资委资源综合利用专题调研座谈会

2020年6月11日，为贯彻落实党的十九届四中全会提出的“全面建立资源高效利用制度”，全国人大常委会委员、全国人大环资委王洪尧副主任委员带队赴工信部，就资源综合利用立法研究论证工作及“十四五”规划纲要编制工作中的资源综合利用专题听取意见和建议。全国人大常委会委员、全国人大环资委龚建明副主任委员，全国人大环资委张柏楠委员，以及全国人大环资委法案室、工信部节能与综合利用司有关负责同志参加了座谈会。座谈会由工信部党组成员、副部长辛国斌主持。

会上，王洪尧副主任委员介绍了资源综合利用立法论证工作进展，强调要树立节约集约循环利用的资源观，全面建立资源高效利用制度。工信部节能与综合利用司汇报了工业资源综合利用产业发展现状及开展的工作，提出了资源综合利用立法建议及“十四五”规划考虑。与会人员围绕资源综合利用产业特点、市场机制、法规需求、制度建设等方面进行了深入讨论。

辛国斌强调，开展工业资源综合利用，既是缓解我国资源环境约束、提高资源利用效率的重要途径，也是推动工业绿色转型升级、实现高质量发展的重要内容。近年来，在国家政策的引导和推动下，工业资源综合利用稳步推进，为工业绿色发展提供了有力支撑，有效促进了生态文明建设。但目前资源综合利用领域法律制度仍然相对薄弱，加快构建可操作、可落实的法律制度体系，有利于进一步完善资源综合利用管理机制，建立绿色生产消费的法制政策导向。工信部将积极配合全国人大环资委做好资源综合利用立法及“十四五”规划纲要研究编制工作，加快建立绿色循环低碳发展的产业结构，完善资源综合利用制度，全力推动工业资源综合利用取得更大发展。

2020 年 6 月 29 日

2020 年全国节能宣传周主题为“绿水青山，节能增效”

为深入贯彻习近平新时代中国特色社会主义思想，践行习近平生态文明思想，落实党的十九大和十九届二中、三中、四中全会精神，牢固树立创新、协调、绿色、开放、共享的发展理念，广泛宣传生态文明、绿色发展、节能降耗理念，培育节约集约循环利用的资源观，营造全民节能的浓厚氛围，2020 年全国节能宣传周于 6 月 29 日至 7 月 5 日举办，主题为“绿水青山，节能增效”。

2020 年 6 月 29 日上午，国家发改委和北京市人民政府在央视网“云”启动 2020 年全国节能宣传周活动。这是首次采用线上方式启动全国节能宣传周，也是国家发改委会同联合主办单位针对当前新冠肺炎疫情防控形势采取的创新方法，是对在常态化疫情防控下开展全国节能宣传活动、宣传节能理念、传播节能知识、推广节能技术的积极探索。

“云”启动仪式上，国家发改委寄语 2020 年全国节能宣传周，各地区、各部门要进一步贯彻落实习近平生态文明思想，坚持生态优先、绿色发展，按照高质量发展要求加强能源要素保障，严格落实节能目标责任，深化重点领域节能，推广先进节能技术产品，推动节能工作再上一个新台阶，为建设“美丽中国”做出贡献。

2020 年是全国节能宣传周举办 30 周年，“云”启动回顾了节能宣传周的历程和节能工作成效，特别是党的十八大以来，在习近平生态文明思想的指引下，我国节能工作取得显著成效，为经济社会持续健康发展提供了有力支撑。“云”启动仪式开展了 4 项线上活动。一是半导体照明精准扶贫。国家发改委会同有关方面，向全国部分贫困县捐赠LED灯，改善贫困地区照明环境，助力脱贫攻坚。二是能效标识制度实施15周年暨“绿色消费”活动。回顾能效标识制度实施15周年成效，有关单位和协会共同发起倡议，呼吁制冷领域强化节能标准引领，推动制冷领域改造升级，引导绿色消费，促进制冷产业绿色发展。制冷空调、电商平台企业积极响应，开展绿色消费活动。三是发布“应对塑料污染推广绿色包装”倡议。电商、快递、外卖行业企业发布倡议，号召全社会共同参与塑料污染治理，减少使用一次性塑料制品，推广绿色循环包装，推动形成绿色生活新风尚。四是北京市开展相关活动。启动北京市LED照明产品家庭推广试点、小旧家电回收活动等。

同时，2020年节能宣传周期间，在“云”上策划开展了一系列活动，围绕“节能云视界”“节能云课堂”“节能技术云展示”“绿色云生活”“绿色云消费”等，利用新媒体加载节能视频，开展线上节能知识讲座，展示先进节能技术和实践，发布绿色生活创建行动系列标识，开展绿色消费推广活动等，并设计制作了节能漫画、节能表情包。通过形式多样、群众喜闻乐见的载体，普及节能知识，倡导全民参与节能降耗，提升节能意识和节能能力。国家发改委门户网站在节能宣传周期间开设专栏，及时发布宣传周活动动态，集中宣传各地区、有关部门“十三五”期间节能工作成效，展示最佳节能技术和最佳节能实践；在国家发改委“两微一端”推送活动的最新进展，并利用互联网、新媒体等多种途径开展系列宣传活动，加大宣传力度。

各地区围绕“绿水青山，节能增效”主题，结合本地区新冠肺炎疫情防控实际，举办形式多样的宣传活动。上海市公开评选30周年上海市节能重点领域10件大事，推出节能宣传周30周年纪念标识；江西省、湖南省举办贫困县半导体照明捐赠仪式；湖北省组织开展“推动企业节能降本 助力湖北复工复产”公益节能服务活动；深圳市邀请专家在线开展节能技术专题讲座，积极引导公众践行绿色生产生活方式，提高全民生态文明素养。

2020 年 6 月 29 日

2020 年“节能服务进企业”活动启动

本次活动由工信部组织，中国工业节能与清洁生产协会、中国石油和化学工业协会、中国钢铁工业协会、中国有色金属工业协会、中国建筑材料联合会、中国纺织工业联合会、中国机械工业联合会、中国化工节能技术协会、中国电子学会、国际铜业协会、冶金工业规划研究院、机械工业节能与资源利用中心、物资节能中心、中国绿色制造联盟等单位联合发起。相关单位承诺，围绕钢铁、石化、建材、有色金属等重点用能行业，电机、变压器等重点通用用能设备，以及数据中心等重点用能领域，灵活采用线上与现场活动等形式，大力组织开展“节能服务进企业”系列活动，促进先进节能技术、装备和管理模式与企业精准对接，积极服务广大企业。

2020 年 7 月

2020 年 7 月 31 日

工信部节能与综合利用司组织召开绿色数据中心重点建议办理视频交流会

2020 年 7 月 31 日，工信部节能与综合利用司组织召开绿色数据中心重点建议办理视频交流会。会议邀请建议提出人李秉记代表，国家发改委创新和高技术发展司、国家机关事务管理局公共机构节能管理司等协办部门，部信息通信发展司、信息通信管理局，以及来自部分行业协会、企业的专家代表参加了本次会议。

会上，李秉记代表介绍了关于规范绿色数据中心建设的建议，与会代表围绕绿色数据中心发展现状、存在的问题、政策建议等进行了交流讨论。工信部节能与综合利用司相关负责同志表示，数据中心是数字经济的核心基础设施，其节能与绿色发展日渐受到社会广泛关注。下一步，将继续加强与人大代表的沟通，深入开展调研，结合前期已开展的工作，抓好电信、互联网等重点领域绿色数据中心建设，加大工作力度，确保高质量完成建议办理任务，促进数据中心高效、低碳、集约、循环发展。

2020年8月

2020年8月13日

工信部节能与综合利用司组织调研绿色数据中心建设

为做好重点人大建议办理工作，2020年8月13日至14日，工信部节能与综合利用司司长高云虎带队赴内蒙古自治区乌兰察布市开展绿色数据中心建设调研，召开重点人大建议办理座谈会。全国人大代表、建议提出人李秉记，中国电子学会、中国信息通信研究院及地方有关部门和重点企业的专家代表参加了本次会议。

与会代表现场调研了乌兰察布市察哈尔工业园区大数据产业园及部分数据中心、内蒙古工业能源管理公共服务平台等。座谈会上，李秉记代表进一步阐述了关于规范绿色数据中心建设的意见和建议，与会代表围绕绿色数据中心布局建设、运行维护、用能保障、发展现状、存在的问题、政策需求等，进行了交流研讨。高云虎指出，建设绿色数据中心是构建新一代信息基础设施的重要任务，对于调结构、促消费、推动绿色高质量发展均具有积极作用。下一步，将结合人大代表提出的建议，积极会同相关部门，进一步引导绿色数据中心优化布局和规范建设，推动高标准建设一批具有引领性的绿色数据中心；加快推广应用先进适用技术产品，不断提高资源能源利用效率；研究完善相关政策措施，加强标准建设和市场引导，逐步建立健全绿色数据中心建设长效机制。

会议期间，调研组还赴内蒙古多蒙德冶金化工集团、旭峰新创实业有限公司等企业调研了节能与资源综合利用技术改造项目。

2020年8月27日

《工业企业节能诊断服务指南（2020版）》发布

2020年8月27日，工信部发布了《工业企业节能诊断服务指南（2020年版）》，同时还发布了钢铁、水泥、电子、纺织、食品、造纸6个重点行业节能诊断服务指南。

2020年9月

2020年9月12日

《上海市产业绿贷支持绿色新基建（数据中心）发展指导意见》发布实施

为加快推动数据中心绿色发展水平，引导数据中心建设使用先进节能环保技术和产品，上海市经济和信息化委员会制定实施了《上海市产业绿贷支持绿色新基建（数据中心）发展指导意见》，明确提出以产业绿贷为抓手，加强先进性技术指导，为优质的数据中心项目提供精准的金融服务，对采用不同先进节能技术的数据中心项目给予一定的贷款利率下浮；通过差异化金融支持，严格全流程评价管理等措施，不断提升新建数据中心绿色发展水平。同时，加强事后验收，建立数据中心能源报表制度，对数据中心实行常态化能源管理。

2020年9月7日至25日

工信部在安徽、江苏、福建、辽宁、四川五个片区组织开展了工业节能监察业务培训

本次培训重点讲解了国家关于工业节能与绿色发展相关政策，宣贯铝合金、烧结墙体材料、石化、啤酒、数据中心等重点行业节能标准。各省、自治区、直辖市和新疆生产建设兵团工业和信息化主管部门和节能监察机构约1 240人参加了本次培训。

2020年9月18日

国家发改委环资司就节能工作存在严重问题约谈内蒙古自治区节能主管部门

约谈指出，近年来，内蒙古自治区能源消费总量大幅增长，经济总量仅占全国的1.7%，却消耗了全国5.2%的能源。“十三五”前四年，能耗强度累计上升9.5%，2019年能源消费总量较2015年增长6 562万吨标准煤，已达到“十三五”增量目标的184%；能源消费弹性系数由“十二五”的 0.2 上升到 1.5。能源结构调整缓慢，2019 年非化石能源消费比重为 8.1%，远低于全国 15.3%的平均水平。2020 上半年，在全国和多数地区能源消费负增长的情况下，内蒙古能源消费同比增长 6.3%，能耗强度同比上升 10.56%，“十三五”能耗双控目标完成形势十分严峻。约谈强调，内蒙古自治区节能主管部门要直面问题、高度警醒、深刻反思、有所作为。一要进一步提高政治站位，高度重视节能工作。二要采取得力措施，坚决扭转节能工作不利局面。三要力戒简单“一刀切”，确保居民过冬用能。内蒙古自治区发改委负责同志表示，国家发改委环资司指出的问题切中要害，诚恳接受，深刻反思，坚决整改。

2020 年 9 月 18 日

国家发改委环资司召开有关省区节能工作视频会议

本次会议分析了当前节能和煤炭消费减量替代目标任务面临的形势，对 2020 年上半年能耗强度不降反升或节能、减煤目标进展滞后地区进行督促推动。内蒙古、辽宁、黑龙江、浙江、安徽、山东、湖北、广东、广西、海南、云南、陕西、甘肃、宁夏 14 个省、区节能主管部门负责同志通过视频连线参加了本次会议。会议指出，能源消费总量和强度双控及重点地区煤炭消费减量替代是落实生态文明建设要求、促进节能降耗、推动高质量发展的重要制度性安排。受新冠肺炎疫情影响，2020 年上半年部分地区能耗强度不降反升，一些地区减煤目标进展滞后，完成“十三五”目标面临较大困难。会议要求，各地节能主管部门要进一步提高政治站位，坚决落实党中央、国务院重大决策部署，要在统筹做好“六稳”工作、落实“六保”任务、全力保障经济社会发展和居民生活合理用能的同时，采取硬招、实招，坚决扭转能耗强度不降反升或节能、减煤进度目标滞后局面，尽最大努力完成“十三五”节能和减煤目标任务。

2020 年 9 月 29 日

工信部成立一批工业节能与综合利用领域标准化工作组

工作组包括工业节能、节水标准化总体组，钢铁行业节能、节水、资源综合利用标准化工作组，轻工行业节水标准化工作组，纺织行业节水标准化工作组。各工作组的主要任务是，根据行业发展需求，围绕节能、节水、资源综合利用、绿色制造等领域，支持地方和企业加快相关标准的研究、立项申报、审查报批、修订、宣贯等工作。

2020 年 10 月

2020 年 10 月 13 日

四部门发布 2020 年重点用水企业水效“领跑者”名单

为贯彻落实《国家节水行动方案》，持续提升工业用水效率，按照《关于组织开展 2020 年重点用水企业水效领跑者遴选工作的通知》（工信厅联节函〔2019〕288 号）要求，工信部、水利部、国家发改委、国家市场监督管理总局组织开展了 2020 年重点用水企业水效“领跑者”引领行动，遴选出 30 家具备引领示范和典型带动效应的水效“领跑者”，包括德龙钢铁有限公司、天津荣程联合钢铁集团有限公司、宝钢湛江钢铁有限公司、首钢股份公司迁安钢铁公司、中国石油化工股份有限公司镇海炼化分公司等。水效“领跑者”称号自发布之日起有效期 2 年。

按照要求，水效“领跑者”企业将使用统一的水效“领跑者”标识。鼓励各省、自治区、直辖市相关部门研究出台支持鼓励政策，广泛开展水效对标、达标活动，推动制造业绿色高质量发展。

2020 年 10 月 16 日

工信部办公厅公布第五批绿色制造名单

2020 年 10 月 16 日，工信部发布第五批绿色制造名单。其中，绿色工厂 719 家，绿色设计产品 1 073 种，绿色工业园区 53 家，绿色供应链管理企业 99 家。工信部指出，各地工信主管部门要加强绿色制造名单与相关产业政策的衔接，充分发挥以点带面的示范作用，引领本地区制造业绿色转型。

2020 年 10 月 23 日

工信部公布《国家工业节能技术装备推荐目录（2020）》《“能效之星”产品目录（2020）》《国家绿色数据中心先进适用技术产品目录（2020）》

其中国家工业节能技术装备 308 项，“能效之星”产品 185 项，国家绿色数据中心先进适用技术产品 62 项。

2020 年 11 月

2020 年 11 月 4 日至 10 日

第三届中国国际进口博览会在上海举办

第三届中国国际进口博览会技术装备展区增设节能环保专区，面积 8 000 多平方米，有 20 多家企业参展。专区分为综合体验区和独立展台两个部分，综合体验展示区 2 000 多平方米，云集诺维信、格兰富、洛科威、莱茵集团等多家节能环保行业细分领域知名企业。独立展台包含威能、曼茨、TPI、思茂特，BWT、宜家等多家企业。2020 年 11 月 6 日，国家节能中心和中国节能环保集团有限公司共同举办了节能环保政策与技术交流会，旨在加强节能环保领域的国际合作，促进节能环保政策和技术的交流对接。政府部门、国际组织、相关企业和媒体代表等近 100 人参加了本次交流会。

2020 年 11 月 12 日

厦门市成立新能源蓄电池综合回收与利用产业协会

2020 年 11 月 12 日，厦门市新能源蓄电池综合回收与利用产业协会成立大会在厦门召开。福建省工业和信息化厅、厦门市工业和信息化局等主管部门负责同志，新能源汽车生产、综合利用等企业及科研院所等单位代表参加了本次会议。工信部节能与综合利用司有关负责同志出席了本次会议。

该协会由厦门钨业股份有限公司、中国铁塔股份有限公司厦门市分公司、厦门金龙联合汽车工业有限公司、厦门金龙旅行车有限公司、厦门公交集团安驰汽车服务（厦门）有限公司、厦门科华恒盛股份有限公司牵头组织成立，会员单位58家。协会主要发挥平台优势和产业带动作用，聚合各方优势资源，推进管理和技术创新，探索多样化商业模式，为厦门市深化新能源汽车动力蓄电池回收利用试点工作、推进回收利用体系建设提供有力支撑。

2020年11月12日

“十四五”工业节能与绿色发展座谈会召开

工信部副部长辛国斌主持了本次会议并听取了相关领域院士专家和企业代表的意见建议，就深入学习贯彻十九届五中全会精神、推动“十四五”工业节能与绿色发展进行了深入交流讨论。辛国斌指出，“十三五”时期，工信部在习近平新时代中国特色社会主义思想的引领下，贯彻新发展理念，坚持把制造强国建设、生态文明建设的战略部署落实到规划、政策、标准各个方面，工业节能与绿色发展取得积极进展。“十四五”时期，我国总体上仍将处于工业化中后期，钢铁、石化等重点行业资源能源消费还将有一定增长，人民群众对绿色产品的需求也将进一步提升。我们要准确把握面临的新形势和新问题，按照制造强国建设战略部署，深化供给侧结构性改革，大力培育绿色新动能，推进绿色技术创新，将绿色变为我国工业发展的底色。

2020年11月12日

2020年全国废钢铁大会在海口召开

2020年11月12日，2020年全国废钢铁大会在海南省海口市召开。中国钢铁工业协会、中国金属学会、中国拆船协会、冶金工业出版社、生态环境部固废与化学品管理技术中心等行业机构、科研院所，以及全国主要钢铁生产、废钢铁加工配送等企业代表近千人参加了本次会议。工信部节能与综合利用司有关负责同志出席了本次会议。

本次会议全面总结了“十三五”以来我国废钢铁产业发展总体情况及取得的成效，分析了产业链上下游存在的问题及当前面临的国内外形势，重点围绕国内废钢铁回收利用体系建设、标准规范制定、税收优惠政策落实、国外再生钢铁原料资源进口等方面进行了讨论，并对“十四五”废钢铁资源化利用产业高质量发展提出了政策建议。

2020 年 11 月 16 日

2020 年中国工业水大会在郑州召开

2020 年 11 月 16—18 日，由中国化工学会工业水处理专业委员会主办的 2020 年中国工业水大会在河南省郑州市召开。工业节水及水处理领域院士专家，工信部节能与综合利用司有关同志，以及高等院校、科研院所、企业代表等 800 多人参加了本次会议。

大会以“技术创新助力水污染防治攻坚战，科学治水护航生态文明建设”为主题，通过主题报告、技术交流、企业家座谈和产品展示等形式，围绕工业节水减污、污水资源化利用、智能化管理等领域，交流了高盐废水处理、零排放及分盐资源化、高浓度有机废水处理、膜法水处理、工业园区节水减污及提标改造、工业水系统智能化等技术、装备的发展与应用情况，分享了石化、钢铁、纺织、造纸、制药等高耗水行业的节水及水处理解决方案。

会后，参会代表现场参观了河南清水源轵城清水化工园区、虎岭高新技术开发区、水云踪智控科技有限公司等。

2020 年 11 月 20 日

2020 年中国工业固废综合利用产业发展大会暨工业领域贯彻落实新固废法宣贯会在北京召开

2020 年 11 月 20 日，中国循环经济协会主办的 2020 中国工业固废综合利用产业发展大会暨工业领域贯彻落实新《固废法》宣贯会在北京召开。来自地方有关部门、行业机构、大专院校、科研院所及企业等代表参加了本次会议。清华大学金涌院士、工信部节能与综合利用司有关负责同志出席了本次会议。

本次会议对工业领域贯彻落实新《固废法》进行了宣贯，来自生态环境部等单位的专家就《固废法》的修订背景和制度变化、工业部门职责、对综合利用产业的影响等方面进行了系统、深入的解读。山西省工业和信息化厅、承德市工业和信息化局分别结合自身实践，从地方强化工业固废综合利用管理和推进工业资源综合利用基地建设的角度分享了落实新《固废法》的做法和建议。宝武环科、大冶有色、金隅集团等重点行业龙头骨干企业分别从行业和企业的角度，结合发展现状介绍了贯彻落实新《固废法》的产业实践和先进经验。

2020年11月20日

“节能服务进企业”暨钢铁行业节能技术和高效节能电机交流活动在河北迁安举办

在工信部、联合国开发计划署共同实施的“中国高效节能电机推广项目”的支持下，2020年11月20日至21日，“节能服务进企业”暨钢铁行业节能技术和高效节能电机交流活动在河北省迁安市举办。来自政府部门、行业协会、科研机构、钢铁企业、高效节能电机生产企业及节能服务公司的300多名代表参加了本次活动。

工信部节能与综合利用司、联合国开发计划署驻华代表处有关工作负责同志分别介绍了工业节能与绿色发展、高效电机推广等相关政策要求；中国工程院殷瑞钰院士及相关行业专家围绕钢铁工业绿色低碳转型、节能形势及任务、先进节能技术和管理经验等做了专题报告。湘潭电机、皖南电机等高效电机示范基地分享了高效节能电机在钢铁行业的应用与案例等；与会钢铁企业、节能服务公司介绍了铁前节能、钢轧节能、公辅和高效节能电机等典型节能技术装备应用实践及前景。活动期间，与会代表现场参观了首钢股份迁安钢铁公司。

2020年12月

2020年12月16日至18日

中央经济工作会议在北京举行

会议确定了2021年要抓好的八项重点任务，其中第八项是：做好碳达峰、碳中和工作。我国二氧化碳排放力争2030年前达到峰值，力争2060年前实现碳中和。要抓紧制定2030年前碳排放达峰行动方案，支持有条件的地方率先达峰。要加快调整优化产业结构、能源结构，推动煤炭消费尽早达峰，大力发展新能源，加快建设全国用能权、碳排放权交易市场，完善能源消费双控制度。要继续打好污染防治攻坚战，实现减污降碳协同效应。要开展大规模国土绿化行动，提升生态系统碳汇能力。

2020年12月22日

工信部等部门印发《变压器能效提升计划（2021—2023年）》（工信厅联节〔2020〕69号）

2020年12月22日，工信部、国家市场监督管理总局、国家能源局联合印发《变压器能效提升计划（2021—2023年）》，明确到2023年，高效节能变压器在网运行比例提高10%，当年新增高效节能变压器占比达到75%以上。围绕高效节能变压器研发设计、生产制造、运行维护、咨询服务等领域，推广应用一批关键核心材料、部件和工艺技术装备，培育一批绿色制造系统解决方案供应商，大幅提升产业链、供应链的现代化、绿色化水平。

2020年12月25日

工信部、科技部、生态环境部联合发布了《国家鼓励发展的重大环保技术装备目录（2020年版）》

2020年12月25日，为加快先进环保技术装备研发和应用推广，提升混包装备制造业整体水平和供给质量，工信部联合科技部、生态环境部发布了《国家鼓励发展的重大环保技术装备目录（2020年版）》（以下简称《目录》），共包含开发、应用、推广3个技术阶段162项重大环保技术装备，涵盖了大气污染防治、水污染防治、土壤污染修复、固废处理、噪声与振动控制、环境监测专用仪器仪表、环境污染防治专用材料和药剂、环境污染应急处理、环境污染防治设备专用零件9个重点领域。

为了更好地发挥《目录》的引导作用，搭建装备制造企业与需求用户的有效对接渠道，工信部节能与综合利用司组织中国环保机械行业协会分领域编制了《目录》的供需对接指南，列举了《目录》中各项目技术装备的主要支撑单位。

2020 年 12 月 28 日至 29 日

全国工业和信息化工作会议在北京召开

会议提出，2021 年要围绕碳达峰、碳中和目标节点，实施工业低碳行动和绿色制造工程，坚决压缩粗钢产量，确保粗钢产量同比下降。

2020 年 12 月 31 日

国家发改委、科技部、工信部、自然资源部印发《绿色技术推广目录（2020 年）》（发改办环资〔2020〕990 号）

本目录收入绿色技术 116 项，其中节能环保产业 63 项，清洁生产产业 26 项，清洁能源产业 15 项，生态环境产业 4 项，基础设施绿色升级 8 项。

后　记

《2020—2021 年中国工业节能减排蓝皮书》是在我国现阶段高度重视生态文明建设、大力推进绿色发展的背景下，由中国电子信息产业发展研究院赛迪智库节能与环保研究所编写完成的。

本书由刘文强副院长担任主编，赵卫东所长担任副主编，崔志广副所长负责统稿。具体各章的撰写人员分别如下：综合篇由王煦、王颖、李欢、赵越、张玉燕撰写，重点行业篇由李欢、赵越、张玉燕、霍婧撰写，区域篇由李鹏梅、张玉燕、郭士伊撰写，政策篇由郭士伊、崔志广撰写，热点篇由李鹏梅、赵越、王煦、王颖撰写，展望篇由崔志广、霍婧撰写，附录 A 由谭力收集整理。

此外，本书在编撰过程中，得到了工信部节能与综合利用司领导及钢铁、建材、有色金属、石化、电力等重点用能行业协会和相关研究机构专家的大力支持和指导，在此一并表示感谢。希望本书的出版，能为工业节能减排的政府主管部门制定政策提供决策参考，为工业企业节能减排管理者提供帮助。本书虽经过研究人员和专家的严谨思考和不懈努力，但由于能力和水平所限，疏漏和不足之处在所难免，敬请广大读者和专家批评指正。

赛迪智库节能与环保研究院